化学工业出版社"十四五"普通高等教育规划教材

家庭园艺美学

田云芳　主编

化学工业出版社

·北京·

内 容 简 介

《家庭园艺美学》主要介绍了家庭园艺美学的概念、插花艺术、压花艺术、盆景艺术、观赏植物水养技术要点、组合盆栽及微景观、家庭花卉与小花园营建、家庭亲子花卉艺术等内容,并结合34个实验案例展开叙述。本教材包含理论和实验两大部分。理论部分以够用为原则,忌太深太全面;实验部分以学生实践创作园艺美学作品为基础,或是一个例子,或是开放性指导,学生可以根据实验完成设计性作品。园艺美学理论结合实践,言简意赅,图片精美。教材注重从"教材"到"学材"的转变,注重教材内容的实用性。

本书可作为高等院校园艺、园林、农学、林学、家政等专业师生的教材和花艺职业培训教材,也可作为园艺、花艺爱好者的参考用书。

图书在版编目(CIP)数据

家庭园艺美学 / 田云芳主编 . -- 北京:化学工业出版社,2025.2.--(化学工业出版社"十四五"普通高等教育规划教材). -- ISBN 978-7-122-46824-6

Ⅰ. S68

中国国家版本馆 CIP 数据核字第 20244DR939 号

责任编辑:尤彩霞　　　　　　　　文字编辑:白华霞
责任校对:王　静　　　　　　　　装帧设计:史利平

出版发行:化学工业出版社
　　　　　(北京市东城区青年湖南街 13 号　邮政编码 100011)
印　　装:河北尚唐印刷包装有限公司
787mm×1092mm　1/16　印张 14　字数 310 千字
2025 年 8 月北京第 1 版第 1 次印刷

购书咨询:010-64518888　　　　　售后服务:010-64518899
网　　址:http://www.cip.com.cn

定　　价:68.00 元

《家庭园艺美学》编者名单

主　　编：田云芳（郑州师范学院）

副 主 编：刘砚璞（河南科技学院）

郑志勇（北京农业职业学院）

范春丽（郑州师范学院）

周在娟（郑州师范学院）

其他参加编写人员（按姓名汉语拼音排序）：

逯久幸（河南农业大学）

史文悦（北京市园林学校）

王保全（河南科技学院）

张二海（潍坊职业学院）

祝亚军（河南省林业科学研究院）

主　　审：张　锏（郑州师范学院）

王工厂（郑州师范学院）

前言

园艺美学是在前人审美经验和审美意识的基础上，将美学基础与园艺花卉种植和应用相结合，延伸出来的植物美学领域的知识。

家庭园艺美学教材以植物美学为核心，将插花艺术、压花艺术、盆景艺术、庭院造景艺术等选作本书的重点内容进行编写。所选内容贴近人们的园艺生活，居家就可以参与植物种植和创作。各部分既在内容上具有相对的独立性，又在形式美法则和造型原理上具有一致性。这也是家庭园艺美学广义范畴合而为一的基础。

本教材包含理论和实验两大部分。理论部分以够用为原则，忌太深太全面；实验部分以学生实践创作园艺美学作品为基础，或是一个例子，或是开放性指导，学生可以根据实验完成设计性作品。教材注重从"教材"到"学材"的转变，注重教材内容的实用性。

当前，各大高校均开设了人文素质、社科文化、艺术欣赏等方面的通识类课程，学生可选修的课程范围也越来越广。很多高等院校的专业人才培养方案中（如家政、园林、园艺、环境艺术、室内设计、旅游及酒店管理等）设置了家庭园艺美学相关课程，学生通过本课程的学习可以很好地提高专业素养。插花、盆景、压花等花卉艺术相关课程受到广大同学的青睐。目前家庭园艺美学培训班、植物美学沙龙、工作坊也如雨后春笋般竞相展开。借此契机，编者联合相关院校的专业老师共同编写了《家庭园艺美学》教材。

本教材系郑州师范学院家政产业学院组织编写的系列教材之一，亦是河南省高等教育教学改革研究与实践重点项目——"基于家政行业学院建设的四联融合人才培养模式研究"的阶段性成果。郑州师范学院张铟教授与王工厂教授在百忙之中对书稿予以审阅，刘若瓦、郁泓、梁勤璋、黄仔、梁胜芳、叶云、徐国栋、程新宗、贺永召、汉秀丽、施斌、李会、张清扬、路童瑶、田云芳、张二海、史文悦、冯慧芳、刘砚璞、夏珍珠、栗宁娟、闫晨雨、李玉秀、陈梦洁、张萌杰、裴香玉、陈娟、刘秀清、陈宏、陈景仪、卢露等国内园艺花艺师们提供了精美的作品图片，在此一并致以诚挚谢意。

鉴于编者水平有限，不足之处在所难免，真诚期待读者能够提出宝贵意见，以使本书进一步完善。

编者

2025 年 2 月

目录

第 1 章

家庭园艺美学概述

　　早期"园艺"是指园林栽培和农耕种植等活动，现已涵盖利用新机械化方式进行育苗种植和人们居家的微型盆栽花卉栽培等，"园艺"概念日益普及化，并成为人们家庭生活中的重要组成。

1.1·家庭园艺美学范畴与类别

　　随着生活水平的提升、居住条件的改良、生态意识的加强，人们期望亲近绿色、回归自然，越来越喜欢花草树木，家里阳台、客厅、卧室、书房、玄关等地方经常放置一些盆栽、盆景、插花等，以增加家庭的绿意和自然之美。从现代居住条件意义上看，家庭园艺主要是在庭院及相关空间范围内（如室内、阳台、屋顶等），从事园艺植物装饰和栽培的活动。现代家庭园艺与我国传统的庭院园艺在内涵上不同，中国传统的庭院园艺主要包括养花、种菜等，而现代家庭园艺的含义还包括插花和盆景、压花制作、庭院景观等（图 1-1-1）。

　　园艺美学，是以有生命的植物体或者剪切下来的具有观赏价值的枝叶花果等为素材，运用一定的艺术或技术加工，形成园艺艺术作品，在此过程中所呈现出来的自然美、艺术

图1-1-1　家庭园艺美学示例
（作者：田云芳）

美、生活美等。

　　家庭园艺美学涵盖插花艺术、压花艺术、盆景艺术、组合盆栽、微景观、水培花卉艺术、干花艺术、庭院植物造景等。插花艺术以自然新鲜花材为素材进行造型，作品表现花材的清新活力和自然美（图1-1-2）。插花艺术风格主要有：东方式插花、西方式插花和现代礼仪插花等。压花艺术以鲜花等材料的枝、叶、花干制后剪切或粘贴压制成风景画或装饰品，将自然风光、人文景观浓缩于方寸之间（图1-1-3）。压花艺术根据应用主要有：压花画、压花卡片、压花用品等。盆景艺术则是将山川树木和自然美景以缩龙成寸、小中见大的手法呈现于盆盘之中（图1-1-4）。盆景根据材料主要有：树木盆景、山水盆景和树石盆景等。图1-1-5所示为组合盆栽示例。

　　家庭园艺美学，是在家庭室内外（如客厅、卧室、书房、屋顶、露台、庭院等空间范围内）装饰环境和创作植物相关的花卉艺术品过程中，展现出来的能够愉悦人们情绪的各种美。家庭园艺构型、造景、植物配置、色彩搭配、艺术布局、农事劳作、观赏休憩等也都是审美活动，是精神追求与物质表现的统一，家庭园艺活动具有很强的审美属性。

(a)[来源：2019世界月季洲际大会(南阳)]

(b)(作者：刘若瓦)

(c)(作者：汉秀丽)

(d)(作者：陈娟)

图1-1-2　插花艺术示例

(a)(作者：刘砚璞)　　　　　　　(b)(作者：田云芳)

图1-1-3　压花示例

图1-1-4　盆景艺术示例

(a)　　　　　　　　　　　　　　(b)

图1-1-5

(c)

(d)

图1-1-5　组合盆栽示例

1.2·家庭园艺美学与康养

■ 1.2.1　家庭园艺五感之美

家庭园艺美学以植物为素材，植物能提供不同的感官刺激，包括视觉、听觉、触觉、味觉及嗅觉等，五感通过对人们精神的激发，对情绪的愉悦，从而产生视觉之美、听觉之美、触觉之美、味觉之美及嗅觉之美等，因此也便有了家庭园艺五感之美。

（1）视觉之美

视觉之美主要源于色彩和造型。各类植物在四季节可以呈现不同颜色，不同颜色可提供不同的视觉效果。暖色如红色、橙色、黄色等较为鲜艳夺目，给人以热烈、辉煌、兴奋和温暖的感觉；冷色如青色、蓝色、紫色等较为深沉，则使人感到清爽、娴雅、肃穆、宁静和放松。白色花卉令人感到神圣纯洁和宁静；浅蓝色的鲜花可以让人平静；紫色的鲜花可使人心情愉悦；红色的鲜花能使人充满活力；粉红色的鲜花让人心情舒畅；绿色的花叶能吸收阳光中的紫外线，减少对眼的刺激，增强舒适感。

不同的花卉艺术作品具有不同的色彩和造型，可展现不同的视觉效果。比如中国传统插花有直立式、倾斜式、水平式、下垂式，西方式插花有三角形、椭圆形、对角线形、S形、扇形、球面形、塔形、新月形、L形、倒T形、放射形、水平形等；盆景有树木盆景、山水盆景、树石盆景等；压花有压花画、压花用品等。除了园艺植物和相关作品，庭院花园可吸引各类昆虫，观赏蝴蝶和蜜蜂在花间飞舞，也是一种视觉之美。

（2）听觉之美

落叶随风发出的瑟瑟声，青草摇曳的沙沙声，小鸟的鸣叫声，花园中的风声，修剪花材的咔嚓声等，都会产生不同的听觉效果，形成听觉刺激，让人感受大自然的美妙和劳作的闲适。树木、篱笆、灌木丛可以阻隔一些噪声，提供宁静松弛的空间。亦可安装风铃或雨铃，增加听觉刺激效果。还可以加设池塘喷泉，室内可加设小型水池，潺潺的流水声也可提供听觉享受，令人心境平和放松。

（3）味觉之美

庭园内开辟味觉花园或是制作盆景盆栽，栽种果树（如木瓜、梨、枇杷等较易栽种的果树）、蔬菜、香草，收割成熟的瓜菜，可一起烹调和享用；采摘食用香草，加入食谱或冲泡花茶，均能产生味觉享受。也可栽种一些花卉，既可作为保健食品摆上筵席和家庭饭桌，又可全花入药，或提取花粉花蜜。要避免选择有毒植物，以免误食产生意外。

（4）触觉之美

让参加者触摸不同质地的家庭园艺美学植物材料，可达到感官刺激效果。植物不同部位如树皮、树叶、花朵、果实、种子等可提供不同触觉刺激。另外，不同植物质地不同，如平滑、粗糙、绒毛、坚实、薄脆、肉质等。盆栽肉质植物如虎尾兰、芦荟、多肉类；绒面植物如银叶菊、绒叶肖竹芋等；脆嫩植物如心叶日中花（牡丹吊兰）等。切花类植物也拥有不同质地，如玫瑰、康乃馨、紫罗兰花瓣细腻亲肤，红豆、北美冬青、蔷薇果平滑光亮，刺芹、猫眼具有刺扎之感，能提供不同的触觉刺激。选择触觉美感植物时，要留意植物是否有刺。当触摸含羞草时，它会紧合，这能提供很好的触觉刺激，但它茎上长满刺，工作人员需加倍留意，以免被刺伤。另外，尽量避免使用农药，以免参与者触摸而产生意外。

（5）嗅觉之美

花卉所散发的各种袭人香气，可通过鼻道嗅觉神经直达大脑中枢，能够改善大脑功能，激发愉悦感，对人们的身心康养有一定作用。经现代科学证实，花香分子颗粒既有杀菌效能，又可净化环境。据测试，经常置身于优美、芬芳、静谧的花木丛中，可使人的皮肤温度降低 $1 \sim 2{}^\circ\text{C}$，脉搏平均每分钟减少 $4 \sim 8$ 次，呼吸慢而均匀，血流减缓，心脏负担减轻，从而可使人的嗅觉、听觉和思维活动的灵敏度增强。

不同种类的植物可散发出不同的香气，其中所含不同的挥发性芳香分子与人们的嗅觉细胞接触后，会产生不同的化学反应，对人们情绪的影响也不同，有些还可对不同疾病发挥疗效。使人心旷神怡的香草如薰衣草，具有令人松弛香味的如天竺葵，使人心情平和的如鼠尾草等，均是具不同嗅觉之美的植物。

芳香疗法是指利用植物芳香精油中的芳香分子作用于人体的一类疗法。主要的作用机制是利用心理反应加上芳香分子的交互作用达到疗效。研究指出，某些香气分子会集中在某些特定器官中，如传到右脑中的嗅神经系统，主要影响情绪、直觉反应、记忆及创造力，并影响脑下垂体，刺激神经系统及内分泌系统，进而影响人的心率、消化及情绪。

例如，春季盛开的丁香花，所散发的香味中，含有丁香油酚等化学物质，可净化空气。洁白的茉莉花开在夏季，其花香具有理气、解郁、避秽等作用，感冒引起的头痛、鼻塞及暑热头晕者，常闻此香，症状可缓解。茉莉花和米兰的香气还可驱蚊。桂花有解郁、避秽之效；薰衣草的香气，可舒缓头痛、失眠；天竺葵可缓解焦虑及疲劳等。

香味植物可根据其香味浓度而分类，一些可以远距离闻其香味，一些需要近距离接触，一些则晚间才发出香味，亦有一些要轻揉叶子才能使其散发香味。

人们可依据需要、喜好、植物的香味浓度和感官效果，栽种一些合适的嗅觉刺激植物。充满香味的花园能令人驻足欣赏，产生轻松平和的感觉。剪草时青草所散发的青草味，亦令人精神一振；采摘成熟的瓜果时，瓜果散发的新鲜果菜味，令人心旷神怡；各种切花的香味更是沁人心脾。

■ 1.2.2 家庭园艺康养身心

家庭园艺康养身心的目的是通过体能、情绪、创意、精神等方面的功能等实现的。

（1）家庭园艺康养身心体能方面的功能

参加者在播种、替植物换盆、浇水、修剪枝叶的过程中，不时进行抬手、弯腰、蹲下等动作，可锻炼肌肉，而且能够锻炼平衡力和手眼协调力。

参与者在从事家庭园艺创作时，全身的肌肉都可得到协调运动，肺部得到扩张，呼吸加深，血液得以净化，身体就变得健壮，面色也红润起来。或是置身于大自然之中，头上是广阔自由的蓝天，脚下是滋养生命的泥土，呼吸的是新鲜而芬芳的空气，四周是欣欣向荣的花草树木；抑或是安安静静地做一件花艺作品、压花作品或盆景盆栽，陶醉于当下时刻，不知不觉就会忘记一切烦恼，从而可得到较好的放松和休息。这样的闲适休养是任何体育运动所不能比拟的。

（2）家庭园艺康养身心情绪方面的功能

美国园艺治疗协会一项调查，在四千多名被访者中，六成被访者认为园艺美学创作能使人感到平和与宁静。另外，美国一项历时8年的调查指出，观望窗外的树木可使人们的情绪得以改善，抱怨减少。园艺美学创作可用于改善参与者的情绪。即使不能亲手参与园艺生产活动，而只是观赏青绿的树木、五彩缤纷的花卉，也会让人情绪松弛、血压降低、肌肉放松、心境平和。

（3）家庭园艺康养身心创意方面的功能

许多园艺美学活动包含创意元素，它能刺激及发挥参加者的创意潜能。例如，庭院小景的摆设、花艺创作、压花艺术创作等，参与者各自发挥艺术创意，每件制成品都是独一无二、无可比拟的，这样能给予参与者满足感和成就感（图1-2-1）。

图1-2-1　家庭园艺美学创意功能示例（作者：田云芳）

1.3 · 家庭园艺美学的特点、作用与学习方法

■ 1.3.1　家庭园艺美学的特点

（1）具有自然性

家庭园艺美学创作以鲜活的植物材料为素材，将大自然的美景和生活中的美艺术地再现于人们面前，作品充满了自然元素和生命活力，这是家庭园艺美学创作作品的最大特征。尽管近代新潮作品允许使用一些非植物材料，但其往往作为附属物。

（2）具有操作性

家庭园艺美学作品创作过程中需要各种各样的操作，如种植、修剪、施肥、浇水、蟠扎、造型、绘图、插作、清理等。

（3）具有创造性

家庭园艺美学作品在选用花材和容器方面非常随意和广泛，可随陈设场合及创作需要灵活选用；作品的构思、造型可简可繁，任由作者发挥；作品的陈设也都较有创造性。

（4）具有装饰性

家庭园艺美学作品呈现各种造型，随环境变化而陈设，艺术感染力强，在装饰上具有画龙点睛的作用。

■ 1.3.2　家庭园艺美学的作用

（1）美化环境

家庭园艺美学作品可以美化生活环境。家庭园艺美学创作已成为人们日常工作和生活的一部分。用各具特色的作品装点书房、卧室、厅堂、庭院，既能美化环境又可体会自然的丰富多彩，增添生活情趣（图1-3-1）。

图1-3-1　美化环境示例（作者：田云芳）

（2）陶冶情操

家庭园艺美学创作是一种很好的修身养性之道。我国古代的盆景与插花，主要作为一种休闲的生活艺术，多为文人墨客为增添生活情趣、自娱自乐而创作；宫廷、民间在不同朝代也多盛行。插花时，讲究心平气和，神情专注，举止文明、优雅。日本的花道非常讲究插花时的态度虔诚，保持环境清洁，插花前有的甚至要沐浴更衣，插花时要以"心"与花对话。不仅如此，我国古代插花和日本的花道，都非常讲究通过插花、赏花来关注花草树木的花品、花格，从而反省自身的行为和思想，借此弥补精神的偏颇，以求修正、完善自身的品格，升华精神境界。例如含羞草使人知耻含羞，茉莉花启迪人们追求比名利更重要的人生价值，竹子激励人们追求坚忍不拔、高风亮节、虚怀若谷的高尚品德……所以，家庭园艺美学创作不仅可以美化环境，还可以净化人们的心灵。

（3）传递情感

家庭园艺美学作品深受人们的喜爱，具有传递情感、增进友谊的作用，是探访亲友、看望病人的首选礼物，是时尚、浪漫的礼物。生活中，"花"是传递和平、美好、友谊的使者，通过亲手创作，赠送一个精美的花篮、花束、花环、盆景、压花作品等，可以增进友谊、加深情感或表达敬意等（图1-3-2）。

图1-3-2　传递情感示例（作者：汉秀丽）

（4）促进经济

家庭园艺具有促进经济发展的作用。近年来家庭园艺产业无论从数量规模还是档次水平方面都有了快速发展和提高。可以说，家庭园艺的发展状况可从侧面反映出该地区的经济发展状况及人们的文化素养。同时，家庭园艺的发展也带动了花卉种子、种球、苗木、切花的生产和品种开发，同时推动了花肥、药剂、插花容器、插花的其他器具的生产，还促进了鲜花的包装和保鲜、压花相关用品及运输业的发展。

（5）增进健康

参与者在创作作品的过程中，不仅得到体力的锻炼，而且身心得以愉悦，从而对身心健康大有裨益。另外，花卉本身有着净化空气的作用。

▪ 1.3.3　家庭园艺美学的学习方法

家庭园艺美学创作并不难，但要创作出真正令人满意的艺术品，却并非易事。家庭园艺美学是一门艺术，艺术需要创造，成功的作品才能给人以美的享受，品赏时感到心灵相通，若有所悟，得到启示，回味无穷，同时也获得知识。当然，初学者要循序渐进，经过刻苦学习和实践，才能掌握好家庭园艺美学的知识与技能。初学者首先要学习家庭园艺的种种技巧，如盆景盆栽中材料的选择、构图、养护等，插花中花材的选择与处理、构图、造型及搭配等，压花中材料的选择与应用、构图与配色等，庭院小景观造景中植物的搭配与养护等，这些都是非常重要的。但仅此还远远不够，还应学习有关植物绘画、文学知识等，只有如此才能灵活运用上述技巧进行艺术创作。

1.3.3.1　提高认知，加强学习

学习家庭园艺美学必须紧密联系创作的基本原理。家庭园艺美学有其自身的基本理论、基本操作规律，更重要的是家庭园艺美学是一门融合多学科的艺术，既有自然科学的知识，如植物学、园林树木学、园林花卉学、力学等，又有人文科学的学问，如文学、社会学、美学等，还含有丰富的生活体验和审美经验。学习家庭园艺美学除了要掌握专业理论知识和基本技巧之外，还应当努力扩大所涉猎的知识面，学习与家庭园艺美学密切相关的知识，借鉴其他学科的美学原理与技术优势，不断丰富自己的文化内涵，提升综合专业素质，如此才能开阔眼界，获得创作思路与灵感，并能应用各种技巧，将植物材料加以概括凝练、立体描写，使之上升为花卉艺术品。家庭园艺美学与相关学科的关系如下。

1.3.3.1.1　家庭园艺美学与自然科学联系紧密

家庭园艺美学与园林树木学、花卉学等自然学科联系紧密。这些学科所涉及的观赏植物的名称、形态特征、生物学特性、生态学习性、繁殖方法、栽培特点和园林应用等都是家庭园艺美学植物材料应用的主要依据。要表现作品创作的形式与主题，首先需要了解植物的基本特性，如此才能正确地选用材料，将它们最美的观赏特性适时、准确、充分地展现出来，从而展示植物材料的灵韵、动态美和勃勃生机。其次要了解花卉文化特性，做到以花传情、

以花寓意、表达思想，再现自然美和生活美。因此，家庭园艺美学与自然科学中的园林树木学、花卉学等有密切的联系。

1.3.3.1.2　家庭园艺美学与艺术类学科联系紧密

家庭园艺美学与绘画、雕塑、装饰设计等艺术学科也有密切的联系，其都是通过色彩与造型等艺术手段来创造具体的形象，以优美造型表达创作主题的内涵和审美意趣。它们有共通的美学原理、艺术语言和艺术诉求，又各具特色。

（1）家庭园艺美学与绘画

家庭园艺美学创作从中感受到的不只是创作过程本身，还有心与自然的交流与碰撞，家庭园艺美学创作可把人带进一种纯粹、自然、空灵的境界。这正如中国绘画的艺术追求——重视"神"与"韵"。南朝齐梁时期著名画家谢赫，其《古画品录》是我国绘画史上第一部完整的绘画理论著作，谢赫倡导的绘画"六法论"（即气韵生动、骨法用笔、应物象形、随类赋彩、经营位置、传移模写）是指导后世各派绘画发展的基本原则。北宋初的"翰林图画院"，它注重写实、造型严谨、赋色浓丽的"院体画"，直接孕育了当时插花的"院体画"形式。此外在文人画、民间画、中国花鸟画、写意画等的影响下，插花形式得到进一步的丰富，如宋明时期的"理念花"，元、清的"心象花"，脱俗雅致的文人插花和喜热闹的民间插花等。近代的"插画"式正是将中国的花鸟画用植物材料表现于容器中，而被誉为"立体的画"。

中国古代的许多绘画、评画的画论，如"六法论""师造化论"等，也是中国传统插花和盆景的理论基础。绘画与花卉艺术品在立意方式、章法（布局）、形神兼备（立意又立形）、装饰等方面都有异曲同工之妙。仅就造型技巧而言，绘画讲究笔、墨、色彩、水、纸，花卉艺术创作讲究用瓶（盆等）、色彩、配件；绘画注重点、线、面的组合运用，花卉艺术创作讲究花、枝、叶的造型加工；绘画讲究装帧陈设，花卉艺术创作讲究恰好的装饰和保鲜。

家庭园艺美学创作无论是构思、造型或色彩，都遵循一定的绘画原理和法则。线条和色彩在花卉艺术作品中的应用，强调花枝组合和色彩搭配的互相变化与统一、协调与对比以及动势与均衡的表现关系，这些都与绘画有密切的联系。学习家庭园艺美学，掌握一些相关的绘画、造型、设计的知识和理论是十分必要的。初学者进行作品构图时用绘画的方法，将造型先画出来再创作，能更好地把握比例关系。学习色彩的基本知识，了解色相间的搭配原理，能使花卉艺术作品的色彩更和谐、更生动、更自然确切地表达主题。因此，在某种意义上说，画家是在纸上画画，花卉艺术创作者是在三维空间用花材画画，花卉艺术是富有生命力的、立体的画。

（2）家庭园艺美学与诗歌

诗歌是一种抒情性表现艺术，营造意境，追求情景的交融，真可谓"中国所有的艺术都和诗歌艺术有着千丝万缕的联系"。花卉艺术创作讲究通过花材形、姿、色等自然美和象征意义来表现意境美和精神美，这种感受、追求意境的过程与诗歌中抒情、追求情景的交融互渗与浑然一体的艺术境界是分不开的。诗歌所富有的丰富而大胆的想象力、高度的凝练性以及强烈的韵律感，以花明志、借物咏情等，都是应该认真学习和借鉴的。历代文人借花言志留下的名诗名句，已成为现今作品命题、欣赏的重要方式之一。如松、竹、梅为"岁寒三友"，梅、兰、竹、菊为"四君子"。诗文用文字描景移情，插花和盆景用多姿的造型移情，插花和盆景艺术是无声的诗、立体的画。作品《涧水泠泠声不绝，溪流茫茫野花发》（图1-3-3）选用了竹筒做花器，运用藤本花材，表现了涧水似一条银带从山崖上飞湍直下，撞岩击石，泠泠作响，清脆悦耳，久久不绝的创作意境。

（3）家庭园艺美学与雕塑、书法、音乐

雕塑是用非生命的材料塑型，花卉艺术则以有生命的花材造型，既相关又有区别，花卉艺术采用的容器、配件其中有许多本身就是工艺美术品，是陪衬、点题的重要组成部分。书法上讲究骨法用笔，花卉艺术将骨法应用于线条造型。花卉艺术配色中的主色调调和色、对比色好比音乐中的主旋律、协奏曲，花卉艺术是凭视觉欣赏，音乐则是以听觉欣赏。

（4）家庭园艺美学与中国园林

其一，中国园林艺术师法自然，以园寓教、托景言志、游尽意在，而花卉艺术则崇尚自然，以形传神，巧于因借，以情驭景，两者同似《园冶》所述"虽由人作，宛若天开"。

其二，在对植物材料的欣赏上是相通的。如，用"清水出芙蓉，天然去雕饰"比喻荷花的形象，用"出淤泥而不染，濯清涟而不妖"比喻荷花的品格。将玉兰、海棠、牡丹、桂花喻为"玉堂富贵春"。再如，康熙《避暑山庄记》中有"玩芝兰则爱德行，睹松竹则思贞操，临清流则贵廉洁，览蔓草则贱贪秽，此亦古人因物而比兴，不可不知"，这些均为园林与家庭园艺美学在素材选用、欣赏上、意境上一脉相通的共性反映。

其三，二者均强调艺术的整体性与综合性，包括自然美、艺术美、生活美、社会美的统一与结合。我们可以在花卉艺术品中体会"春山如笑，夏山如怒，秋山如妆，冬山如睡"的自然山水情怀（明末清初画家恽南田），与花对话，可在诗情画意中明白"天地有大美而不言，四时有明法而不议，万物有成理而不说"的道理，让自然精神入心入怀，在方寸之间感受师法自然。图1-3-4所示为家庭园艺美学与中国园林示例。

图1-3-3　家庭园艺美学与诗歌示例——涧水泠泠声不绝，溪流茫茫野花发（作者：刘若瓦）

图1-3-4　家庭园艺美学与中国园林示例（作者：田云芳）

1.3.3.2 勤于实践，融会贯通

理论与实践相结合，讲究实际效果，在实践中积累知识，培养分析问题和解决问题的能力。只看不做如纸上谈兵，不能学到真正的知识和技能。

（1）临摹

很多有成就的书画家，他们都是从临摹起步的。初学家庭园艺美学者选择一些简单、典型的花卉艺术作品来模仿制作是很有必要的。模仿制作过程中，初学者能把初学的理论知识应用到实践中去，加深对理论知识的理解，为以后的学习打下坚实的基础。初学模仿制作花卉艺术作品时，有条件的应选择与之相同的器具和材料，尽量按尺度构图，模仿配色。

（2）创作

在制作过程中认真分析，力图掌握构图、配色特点以及分析理解其主题和表现手法。练习数次以后，可循序渐进，由简单到复杂地选择一些优秀作品模仿。这时不必一成不变地照搬，可以有一些与原作品不同的改进，如改变器具、改变部分植物材料等。总之，要尽可能多地参与花卉艺术品创作实践，认真做实验，认真参加实习，多看、多练习、多积累是提高创作水平最重要的环节。当积累了一定的创作经验以后，必须有针对性地利用现有的条件，如现有植物材料、身边的人和事、生活中的美感体验、不同的居家空间等，通过花卉艺术作品来尝试表现，实现制作花卉艺术作品从模仿到创作的飞跃。

（3）观察自然

到大自然中观察一草一木，向大自然学习。学习家庭园艺美学不能只限于书本，必须迈开双脚走到大自然中去，亲近、了解花材，了解自然，才能领会植物材料的风姿神韵，更好地去表现它们。

1.3.3.3 善于总结和吸收经验，努力提高

每次作品完成后，应不断总结自己的经验，还可请别人提出建议，听取别人的评论和建议。这些建议往往是无价之宝，令人受益匪浅。同时也可多参加家庭园艺美学相关的比赛，多欣赏其他创作者的优秀作品。

家庭园艺美学是美学里最自然的造物，简之一两束花、一盆绿植，繁之一处园林、一院花香，缀以山水石桥，亭台楼阁，是园艺匠人的精心创作使其如浑然天成。园艺师心中有画，别具一格，是很难做到的一点。基本的技艺可以通过勤学习得，但是要想技艺精湛，表达内心深处的情感，需要习得家庭园艺美学的方式方法，需要多走，多看，多留心观察。最重要的是沉下心来，戒去焦躁，把功名置于一旁，如东坡先生言"江山风月，闲者便是主人"。如此一来，自身精神感悟将融入家庭园艺美学创作之中。

■ 本章思考题

（1）何谓家庭园艺美学？范畴是什么？

（2）家庭园艺美学的特点和作用是什么？

（3）结合实际谈谈如何学好家庭园艺美学这门课程？

第 2 章

插花艺术

2.1 · 插花的基本原理

插花重形尚意，是一门造型艺术，所以形式美是至关重要的。怎样才能把"型"（形状、花型或造型）造（插）好？除了心灵手巧之外，还必须掌握一定的基本理论知识和构图原理（法则），即比例与尺度、动势与均衡、多样与统一、调和与对比、韵律与节奏，这五条构图原理是衡量插花作品的"型"造得合理与否、美与不美的标准。同时也要遵循高低错落、疏密有致、虚实结合、仰俯呼应、上轻下重、上散下聚等六大造型法则，这是插花艺术中形式美的重要法则。而且还要掌握花艺色彩的基本理论，将色彩学的知识与插花花艺有机结合。只有充分理解并在实践中熟练而灵活地运用基本原理，才能不断地创新，才能够真正学好这门艺术。

■ 2.1.1 三大构成

插花艺术是运用植物材料进行造型设计而创作的艺术，其艺术构成包括平面构成、立体构成和色彩构成等三大构成，三大构成广泛运用于插花花艺的创作过程之中。

2.1.1.1 平面构成在插花艺术中的应用

（1）重复构成

重复构成又叫骨骼构成，是指相同或近似的形态在骨骼中连续地、有规律地反复出现。

重复构成的形式就是把视觉形象秩序化、整齐化，在构图中可以呈现出和谐统一的视觉效果。在插花艺术中重复构成可以是相同的花材或架构的重复排列，如图2-1-1所示。重复构成给人平缓有序的感觉，但也易造成单调平庸、呆板无趣的效果，因此，运用平面重复构成着重在于变化，如在色彩、排列、方向、位置等方面求得变化。

（2）近似构成

近似构成是在重复构成的基础上有轻微程度的变化，不再重复而是趋于某种内在的规律。近似构成打破了重复构成的平庸呆板，具有一定的变化又不失序列感，既统一又有变化。近似构成的基本型必须相似，但近似程度要适度，太近似，就接近重复构成；变化度太大又偏离了近似构成。如用同一类型的容器但色彩相近的同类型花材插花。

（3）渐变构成

渐变构成是指基本形或骨骼逐渐地、有规律地、循序渐进地变化，造型具有空间感、运动感、节奏感、韵律感、次序感。例如自然界中物体近大远小的透视现象，水中的涟漪，等等。插花花艺中可以通过花材色彩由浅到深、由冷色到暖色、同一色彩进行渐变；也可以通过花艺素材方向、大小、位置等进行渐变。

（4）发射构成

发射构成是基本形或骨骼单位环绕一个共同的中心点向外散开或向内集中，如图2-1-2所示。发射中常常包含着重复和渐变的形式，所以有时发射构成也可以看成是一种特殊的重复或特殊的渐变。根据发射方向，发射构成可分为离心式发射构成、向心式发射构成和同心式发射构成。

图2-1-1　百鸟朝凤——重复构成示例（作者：郁泓）　　图2-1-2　发射构成示例（作者：郁泓）

（5）对比构成

对比是一种自由构成的形式，依据形态本身的大小、明暗、锐钝、轻重、疏密、虚实、显隐、形状、色彩和肌理等方面的对比而构成，如图2-1-3所示。

(a)   (b)

图2-1-3　色彩对比构成示例——黄与紫（作者：张二海）

（6）特异构成

特异是相对的，是在保证整体规律的情况下，小部分与整体秩序不和，但又与规律不失联系。特异的程度可大可小。

① 基本形的特异　在重复形式、渐变形式的基础上进行突破或变异，大部分基本形都保持着一种规律，一小部分违反了规律或者秩序，这一小部分就是特异基本形，它能成为视觉中心。特异基本形应集中在一定的空间。

a. 规律转移　变异基本形彼此之间造成一种新的规律，与原来整体规律的基本形有机地排列在一起，叫作规律转移的变异。

形状特异：以一种基本形为主做规律性重复，而个别基本形在形象上发生变异。基本形在形象上的特异，能增加形象的趣味性，使形象更加丰富，并形成衬托关系。特异形在数量上要少一些，甚至只有一个，这样才能形成焦点，达到强烈的视觉效果。

色彩的变异：在基本形排列的大小、形状、位置、方向都一样的基础上，在色彩上进行变化，以形成色彩突变的视觉效果。

b. 规律突破　变异的基本形之间无新的规律产生，无论基本形的形状、大小、位置、方向等各方面都无自身规律，但是它又融于整体规律之中，这就是规律突破。规律突破的部分也应该越少越好。

② 骨骼特异　在规律性骨骼之中，部分骨骼单位在形状、大小、位置、方向等方面发生了变异，这就是骨骼变异。

a. 规律转移　规律性的骨骼一小部分发生变化，形成一种新的规律，并与原规律保持有机的联系，这一部分就是规律转移。

b. 规律突破　骨骼中特异部分没有产生新的规律，而是原整体规律在某一局部受到破坏和干扰，这个破坏、干扰的部分就是规律突破，规律突破也是以少为好。

③ 形象特异　这里讲的形象特异是指具体形象的变异。这种方法主要是对自然形象进行整理和概括，夸张其典型性格，以提高装饰效果。另外还可以根据画面的视觉效果将形象的

图2-1-4 面的疏密构成示例
（作者：黄仔）

部分进行切割，重新拼贴。

（7）疏密构成

疏密构成是指具有一定数量的基本形在空间不受限制、自由地聚集与疏散形成疏密的构成方式。疏密变化在插花花艺中运用相当广泛，通过疏密有致的布置，可以产生韵律感，且富有变化，如图2-1-4所示。

2.1.1.2　立体构成在插花艺术中的应用

立体构成是研究立体形态关系的学科，是对形态关系的理论研究，是西方设计理论的基础，也是我们学习插花艺术的理论基础。立体构成对学习造型原理、把握造型规律有很大的帮助。通过对物体（鲜花）基础构成的形态进行分析、解构、重组等操作，可了解创意与表达形式的关系，提高感知能力，丰富造型手段，为花艺设计打下坚实的基础。

立体构成在婚礼用花、酒店花艺、橱窗设计、花艺软装、花店产品设计中的应用已无处不在，立体构成要在三维空间中将立体造型各个要素按照一定的原则组合或分割成赋予个性美的立体空间形态。

立体构成设计的过程是一个分割到组合或组合到分割的过程。任何形态都可以还原到点、线、面，而点、线、面又可以组合成任何空间形态。空间分为正空间和副空间、实体和虚体。正空间就是由真实的花材和叶材占据的空间；副空间就是在整个作品所占有的空间里，花与花、花与叶之间的空间；实体是指我们能看得到的实实在在的物体，比如花、叶；虚体与副空间有相似的意思，是指在实体周围的空间。

（1）立体构成的感觉特征

① 空间感　人们要欣赏立体造型的全貌，领略空间的感受，视点必须移动，这样就由身体的移动而形成空间感。通过一个作品的不同角度观赏，可以领略插花作品的空间感。

② 动感　立体造型是静止的，但组成它的点、线、面所产生的斜面、曲面及形体，通过在空间部位的转动而取得动感（图2-1-5）。

③ 光影感　所有立体造型都会通过光影加强自身的体积效果，因此造型本身的明暗变化与落影就使得体积感增强（图2-1-5）。

（2）立体构成在插花艺术中的基本应用法则

① 重复（近似）　绝对重复：有序地改变，基本形体的方向、位置、排列的重复构成；相对重复：通过改变基本形体的大小变化来构成。近似构成也是一种重复构成。

在西式插花设计中，重复也称反复，是指同一种花材或形式，反复出现在同一个设计中。重复是一种设计方法，能加强作品的装饰效果，突出主题，使作品具有生动活泼、富于变化的特点。在花艺设计中，精心地重复编排使用某种花材，使其相互配合，相互衬托，可产生一种韵律及动感的美。但过多地运用重复的方法也会给人一种单调、乏味和凌乱的感觉。重复的设计方法还可以运用在色彩、形状等方面。

② 对比与统一　物体的多样性，如形状、大小、色彩、肌理、运动方向、位置变化等，形成对比，可通过找出相同点来达到统一。

在花艺设计中，对比是指所选用的花材、色彩、质地、形状、数量及环境的相互关系。在任何艺术作品中都永远存在着对比关系，只是有强与弱的区别。色彩上有冷暖色对比、深浅色对比；质地上有坚硬与柔软的对比、粗糙与精致的对比；形状的对比包括点、线、面的对比，大小粗细对比，曲线与直线对比，还有数量上的对比，它主要表现在疏密与虚实空间的对比上。对比在花艺设计中能达到突出重点、给人强烈的感

图2-1-5　立体构成特征示例——开往春天的F1赛车（作者：郁泓）

官刺激的目的。但是在设计中不要过分强调，以免使某些局部产生孤立感，无论是色彩、质地、形状、数量各方面在整体设计中都要做到既要有相对的区别与对比，又要处于一种整体和谐的状态。

③ 秩序性和数列比　秩序指事物或现象在特定结构、规划或规律下的有序状态。事物在有秩序变化过程中，形状大小或形与形的距离，这一序列的数字之间的关系，就是数列比。

秩序性是依据视觉法则，将单个或凌乱的形态，组织成有一定条理性的群体形态。秩序有定型、定量性质。而定型、定量的依据则是数列比的应用。

在花艺设计中，比例是指在设计中部分与部分、部分与整体之间的数量的比较及大小的关系。包括花材与花材、花材与花器、作品与环境之间的关系。表现一个作品时，可以按 $1:1:1:1:1$ 或 $1:2:3:4:5$ 的形式来表现。体现一种整齐划一的形式，很有现代美感。

④ 节奏与韵律　立体结构的节奏变化表现为，造型要素有秩序地进行如起伏、交错、渐变、重复等有规律的变化，这种有规律的变化，表现出一定的节奏感，从而产生韵律。

在西方式插花设计中，一种以逐渐变化的姿态，有规律或者没有规律反复连续地排列组合，表达视觉运动的过程和运动倾向，有一定的动感效果，这就是韵律。

在花艺设计中，选择不同形状和姿态的花材可产生不同的韵律。要点是：必须有疏有密，有主有次，还要注意整体的韵律美。有韵律感的花艺设计，可以抓住人们的视线，并且可让人们的视线从作品中的一部分转移到另一部分。一件完美作品中的韵律，应该是一种轻松的

运动，而不是盲目地移动。

⑤ 单纯化（仿生）　将复杂的物体通过归纳、概括而成为简单的形态来加强人们对事物的认识，这就是单纯化。

单纯化经常采用省略、归纳、净化、夸张等手段来加强对形态本质的认识，使形态更丰富，而并非简单。在此过程中不可避免地会对自然物体形态进行概括，从而形成仿生态。造型简单：易记忆，抽象，包含内容广泛。造型复杂：不易记忆，具象，特指性强。

⑥ 特异　在构成中有一个或极少部分，明显区别于其他构成元素，形成了特异效果，特异部分往往成为视觉的焦点，焦点随特异部分的移动而改变。在花艺作品中，这个特异就是焦点区域，在一个作品中不止有一个这样的区域，它们就叫支配区域。焦点区域对于其作品来说，它是一个设计的中心，可加强设计主题并能吸引人们的眼球和兴趣。作品的焦点可以通过数量、大小、密度、颜色、位置及设计形式来获得。在花艺设计中这种表现通常选用的是色彩亮丽的名贵花朵。支配区域通常是沿着设计的视点，被安排在较低的位置，所有其他的部分都是以焦点区域为中心呈辐射状被排列的。

（3）线立体构成

用线型材料构成的立体形态称为线立体。线材因材料强度的不同可分为硬质线材和软质线材。在生活中，常见的硬质线材有条状的木材、金属、塑料、玻璃等；软质线材有毛、棉、丝、麻以及化纤等软线和较软的金属丝等。在几何学上，线是点运动的轨迹，只有位置及长度，没有厚度与宽度，是一个面的边。在我们周围有许多物体，它们的宽度、厚度非常小，与周围其他物体相比较，可看作线条，如电线、树枝、晒衣绳、毛笔、火车铁轨等。线条的方向可当作一种象征，能使人产生一定的联想。一般来说，直线表示静，曲线表示动。在立体构成中，将线扩大为三次元的体来表现。线立体构成是以线材为基本形态，采用渐变、交叉、放射、重复等方法构成的。线材是以长度为特征的型材。如图2-1-6所示为线立体构成示例。

图2-1-6　线立体构成示例
（来源：第五届中国杯插花花艺大赛暨2018
广州国际花卉艺术展）

线材本身并不具有表现空间形体的功能，而是需要通过线群的集聚和利用框架的支撑形成面的效果，然后用各种面加以包围，才可以形成空间立体造型，转化为空间立体。

线材构成所表现的立体效果，具有半透明的性质。由于线群按照一定的规律集合，线之间会产生一定的间距，透过这些线之间的空隙，可观察到各个层次的线群结构。这样便能表现出各线面层次的交错构成。

这种各线同层次交错产生的效果，呈现出疏密不同的网格状变化，具有较强的韵律感。由于受材料限制，线材所围合成的空间立体造型，必须借助于框架的支撑。常用的框架有木框架、金属框架或其他能起支撑作用的材质做成的框架。

① 硬线构成　用金属条、玻璃柱、木条、塑料等材料组成的立体造型，就叫硬质线材构成，简称硬线构成。在构成操作前，要按照作者的意图，确定好框架，作品完成后框架可以拆除或者作为作品的一部分（如图2-1-7所示）。选用透明的材质，如玻璃柱、塑料细管等所构成的立体造型，可呈现出晶莹剔透的效果。

图2-1-7　硬线立体构成示例（作者：徐国栋）

② 软线构成　软线构成是以框架作为依靠和基础，用棉、麻、丝等软线按照设计者的意图进行的立体造型。如图2-1-8～图2-1-11所示。

图2-1-8　软线立体构成——风生水起新西楚
（作者：郁泓）

图2-1-9　软线构成示例

图2-1-10　软线的应用示例
（作者：张二海）

图2-1-11　软线的组合应用
（作者：张二海）

框架式软线的基础，常用硬材制作，作为引拉软线的基础。框架的造型按作者的设计意图制作，其结构可以是任何形状。值得注意的是，作为引拉软线的基体的硬材框架必须相当结实。框架上的接线点，各边的数量要相等。其间距可进行等距分割，或按从密到疏的渐变次序排列。线的方向可以垂直连接，也可以斜向错位连接，或者从横边连接到竖边，或从上部边框交叉方向连接到下部边框。线与线之间的交叉构成，由于其方向和交叉角度的变化，可产生各种丰富的构成效果。如图2-1-8所示，作者先用硬质材料做框架，然后用竹片绕成软线构成，作为花艺作品的构架，再插上红掌、马蹄莲等成为一个富有创意的插花花艺作品。

（4）面立体构成

在几何学上，面是线移动的轨迹，面只有位置长度和宽度，是一个体积的外部界线。在立体构成中，三次元构成空间的体现，如图2-1-12～图2-1-14所示。面立体构成，又称"板成"，是以长和宽为素材用渐变方式集聚等方法所构成的立体造型。面立体构成具有平薄和扩延感。它在二维空间的基础上，增加一个深度空间，便于形成空间的立体造型。如图2-1-13所示，作者运用4组红色康乃馨组成的曲面来进行面立体构成，形成插花花艺作品的构架，然后插上绿掌就是一件很好的插花花艺作品。

面线体的综合运用如图2-1-15～图2-1-17所示。

图2-1-12　面构成示例
[来源：第五届中国杯插花花艺大赛预选赛（郑州）]

图2-1-13　面立体构成——故烧红烛照红妆
（作者：郁泓）

图2-1-14　多角面的应用（作者：张二海）

图2-1-15　松软块的应用（作者：张二海）

(a)　　　　　　　　　　　　　　　　　(b)

图2-1-16　面线体构成的应用（一）（作者：张二海）

(a)（作者：张二海）　　　　　(b)［来源：第四届中国杯插花花艺大赛(唐山)]

图2-1-17　面线体构成的应用（二）

　　插花艺术是一个造型艺术，三大构成原理在插花花艺作品的创作过程中应用广泛，深刻领会和熟练掌握三大构成原理对插花花艺作品创作有很大的帮助。

2.1.1.3 色彩构成在插花艺术中的应用

色彩起源于光。作为世界上最常见的光，太阳光却是无色的。但是通过彩虹等现象证明，在这个无色的太阳光中却包含着所有的色彩。

在光线从光源（太阳）照射到物体（例如苹果）再反射到观察者（人的眼睛和大脑）这个过程中，太阳光中所有"不可见色彩"都照射到苹果上；苹果的表面吸收掉除了红色以外的其他所有色彩，并把红色反射到人类的眼睛；眼睛对进入的色彩进行接受，并把信息传达给大脑。所以，色彩是一种由特定光谱的光线混合，并经过传播、反射引起的视觉感受。

色彩是构成美的重要因素，西方式插花特别强调色彩的运用。花材本身色彩鲜艳丰富，但如何搭配才能和谐悦目，则需要掌握一些色彩的常识。

（1）色彩的构成

色彩有"无彩色"和"有彩色"之分。无彩色是指白色、灰色、黑色；有彩色是光谱色彩中的各种颜色，即红、橙、黄、绿、青、蓝、紫等。色彩有原色、间色和复色之分，如图2-1-18所示的十二色环。红、黄、蓝三色为原色，不能混合生成，其他色都可以用任意原色混合调配而成。二原色之间的混合产生间色，间色与间色的混合为复色。一种原色与其他两种原色的混合色就构成互补关系。这两种色并置在一起会形成强烈的对比。因此互补关系又称为对比关系，互补色又称为对比色。如黄色与紫色、红色与绿色、蓝色与橙色等。

图2-1-18　十二色环

色彩是由色相、明度和彩度三要素构成的。色相即色彩的相貌，也是区别各个色彩的名称，如红、黄、橙等。明度反应的是色彩相对于黑色与白色的明亮程度，白色和黄色的明度最高，黑色和紫色的明度最低。可以通过加入黑或者白，来降低或增加明度。彩度或者称为饱和度，反映的是色彩相对于灰度的纯度。即彩色中混入无彩色（黑、白、灰）的多少，如纯红色彩度高，而混入白色呈粉红色，则彩度就低了。明度高的色彩耀眼而奢华，彩度低的色彩含蓄而朴实。明度和彩度合在一起，使色彩有明暗、强弱、浓淡的区别，则称之为色调。

（2）色彩的表现技能

色彩是富有象征性的，它有冷暖、远近、轻重以及情感的表现特征。

① 色彩的冷暖感　色彩本身并无温度差别，但能令人产生联想从而感到冷暖。插花时可根据不同的场合、用途来选择不同的色彩。颜色可分为冷色、暖色和中性色，在12色环中，红到绿为暖色，红、橙、黄等色使人联想到太阳、火光，产生温暖的感觉，因而称暖色系，具有明朗、热烈和欢乐的效果。暖色给人的印象是生动的、激情的、有表现力的，给人感觉在空间位置靠前。从绿到红为冷色，冷色给人的印象是谨慎的、冷静的，可产生平静感，给

人感觉在空间位置靠后。通常我们见到的黑、白、灰、金或银为中性色，在花艺设计中，中性色主要用于调和色彩搭配，突出其他颜色，如图2-1-19所示。

② 色彩的轻重感　色彩的轻重感主要取决于明度和彩度。明度愈高，色彩愈浅，感觉愈轻盈，如图2-1-19所示；而明度愈低，色彩愈深，则感觉愈重。插花时要善于利用色彩的轻重感来调节花型的均衡稳定。颜色深的暗的花材宜插于低矮处，而飘逸的花枝可选用明度高的浅淡颜色。

③ 色彩的远近感　红、橙、黄等暖色，波长较长，看起来距离会拉近，故称前进色。蓝、紫等冷色，波长较短，看起来距离退后，故称为后退色。黄绿色和红紫色等为中性色，感觉距离中等，较柔和。明度对色彩的远近感影响也很大，明度高者感觉前进而宽大

图2-1-19　色彩的冷暖、轻重、远近示例
（作者：程新宗）

（如图2-1-19所示），明度低者则远退且狭小。插花时可利用这种特性，适当调节不同颜色花材的大小比例，以增加作品的层次感和立体感。

④ 色彩的情感效果　色彩能够影响人的心情。不同的色彩会引起不同的心理反应。不同民族习惯和个人爱好，不同的文化修养、性别、年龄等会对色彩产生不同的联想效果。如中国传统习惯喜庆节日偏爱红色，白色则被认为是丧服的颜色。而西方则相反，结婚时新娘的服饰如婚纱喜用白色。所以选择色彩时需适当留意风俗习惯，以免引起误会。一般常见的色彩情感有以下几种。

红色具有艳丽、热烈、富贵、兴奋之情。我国习惯用红花来表示喜庆、吉祥。

橙色是丰收之色，象征着明朗、甜美、成熟和丰收。

黄色有一种富丽堂皇的富贵气，象征光辉、高贵和尊严，我国皇宫宝殿等装饰的琉璃瓦是黄色的，以示至高无上。但是在丧礼上，黄色的花却使用十分普遍。在日本，黄菊只用于丧礼。西方送黄玫瑰表示分手。

绿色富有生机，富有春天气息，又具有健康、安详、宁静的象征意义。

蓝色有安静、深远和清新的感觉，往往和碧蓝的大海联系在一起，使人心胸豁达。但从消极的面来看，也有阴郁、贫寒和冷淡之感。比利时人最忌蓝色，不吉利的场合都穿蓝色。但有时蓝色会成为时尚流行色，视当年流行情况而定。

紫色有华丽高贵的感觉，淡紫色还能使人觉得柔和、娴静。

白色是纯洁的象征，具有朴素、高雅的本质。西方婚礼上，新娘喜用白色。但是，在我国民族习惯中，白色则有悲哀和死亡悼念的含义。

黑色具有坚实、含蓄、庄严、肃穆的感觉，同时又易与黑暗联系在一起。

色彩的象征和联想是一个复杂的心理反应，受到历史、地理、民族、宗教、风俗习惯、时尚流行等多种因素的影响，并不是绝对的，在插花时只能作为色彩运用的参考，而应按题材内容和观赏对象进行色彩设计。

（3）色彩构成法则

① 色彩的推移　色彩的推移又称色彩的渐变。色彩的构成可以通过一定等差级的明度、色相和纯度规律进行变化，产生如空间、协调、对比等色彩构成效果，这种等差级变化被称为色彩的渐变。

明度推移也叫明度渐变，是明度由浅到深的逐渐变化过程，可形成不同的明度台阶。

纯度推移也叫纯度渐变，一种色彩由纯色向无彩色的黑、白、灰渐次变化就叫纯度渐变构成。

色相推移也叫色相渐变，是色相向其他色相逐渐变化、推移的方法，分为梯级渐变和无级渐变。色相变化分为同类色之间渐变、类似色之间渐变、互补色之间渐变、对比色之间渐变、全色相渐变等。

② 对比　两种以上不同的色彩放在一起，相互映衬与对比，可组成一定形式的构成作品。任何颜色都不是孤立存在的，其都在与周围的颜色有着一定的对比关系，但是这种对比关系不一定是和谐与美观的，要想有好的色彩设计就必须有科学的色彩理论来指导。

a. 明度对比　即色彩深浅度产生的对比。明度最强烈的对比是黑白对比，被称为"极色对比"，在平面构成、黑白画、木刻中经常采用，可以产生鲜明、确定的效果。

b. 色彩明度对比　色彩明度对比的强弱，取决于强弱差别的大小，常用调性的长短来表示对比的强弱。

c. 纯度对比　指纯度较高的色彩与纯度低的色彩并置，即纯色与深色的对比。这种纯度对比的关系是相对而言的，可以是浊色中较高纯度色与较低纯度色的对比，也可以是不同色相间的纯度对比。色彩的纯度改变，则明度也会随之变化。

图2-1-20　互补色对比（作者：黄仔）

d. 色相对比　即运用不同色相之间差异并置在一起形成的对比关系。同类色对比，也叫同一色相对比。在24色相环中：（a）色相角在5°以内的颜色形成的对比是同类色对比，这种对比关系较弱；（b）色相角在30°以内的对比为邻近色对比，如黄色与橙色对比；（c）色相角在45°左右称为类似色对比；（d）色相角在90°左右为中间色对比；（e）色相角在120°左右为对比色对比，如红色与黄色对比、黄色与蓝色对比、红色与蓝色对比；（f）色相角在180°左右为互补色对比，如红色与绿色对比（图2-1-20）、黄色与紫色对比、蓝色与橙色对比。其中前4种对比方法属于弱对比，较容易得到协调对比效果。后2种属于强对比范围，运用好可以产生强烈、鲜艳、刺激的效果；运用不好则容易产生过分强烈的冲突和刺激感，俗称"火"气，破坏画面的气氛。

③ 调和　任何色彩在自然或人工环境中都不是独立存在的，必然与周围或其他的色彩产生对比、映衬的关系。几种色彩，摆放在一起彼此之间也会产生对比或调和的组合关系。如果两种以上的色彩组合在一起产生美感，就说明其关系是协调的，符合色彩调和的规律。这种把两种或两种以上色彩按照美学规律组合到一起，产生美感的色彩搭配方式就叫色彩的调和。

a. 色彩调和的原理　若色彩搭配在一起，既不太刺激，也不过分呆板，则配色是调和的，但没有个性。完全缺乏颜色变化，也不能算是调和的。没有对比就没有调和，对比与调和是相辅相成的。按照人的视觉需要，补色可以求得生理平衡。色彩的对比只是认识色彩变化的手段，调和才是运用色彩、解决色彩问题的关键。

b. 色彩调和的方法

（a）单色相的调和（只变化明度与纯度），这是一种最简单的调和手段，容易产生调和感和统一感，可以在主色与配色中选一项进行加白、黑、灰的处理，进而取得对比中调和的效果，以及浊度与纯度间的调和效果。如图2-1-21所示。

（b）类似色的调和　利用色相环相互邻近的颜色进行搭配取得调和的方法称为类似色调和，如图2-1-22所示。

图2-1-21　单色相调和示例　　　　　　图2-1-22　类似色调和示例
（来源：2015王城公园牡丹花展）　　　　　　（作者：田云芳）

（c）对比色调和　选择24色相环距离角120°～180°的颜色进行搭配产生的调和关系称为对比色调和。采用对比色调和时，应运用色彩手段避免对比过分强烈。

（d）色调调和　使画面或空间统一在一种暖或冷的色调中容易产生调和效果，这种调和称为色调调和。色调可分为暖色色调、冷色色调、中性色色调等。

（e）多边色调和　利用 24 色相环将等边三角形或正方形，每角选一种色进行搭配则产生调和效果，这种方法称为多边色调和。

■ 2.1.2　构图原理

2.1.2.1　比例与尺度

比例是指作品的大小、长短、各个部分之间以及局部与整体的关系。比例恰当才能匀称。插花时，首先要视作品摆放的环境大小来决定花型的大小，所谓"堂厅宜大，卧室宜小，因乎地也"。其次是花形大小要与所用的花器尺寸成比例。古有云："大率插花须要花与瓶称，令花稍高于瓶，假如瓶高一尺，花出瓶口一尺三四寸，瓶高六七寸，花出瓶口八九寸乃佳，忌太高，太高瓶易仆，忌太低，太低雅趣失。"如图 2-1-23 所示为比例与尺度示例——花形和花器。

（1）花形与花器之间的比例

花器单位：花器的高度与花器的最大直径（或最大宽度）之和为一个花器单位。

花形的最大长度为 1.5 ～ 2 个花器单位。

花材少、花色深时比例可大，S 形等比例可大。

（2）环境因素

摆放环境空间大时，作品可大，环境空间小时，作品可小。如图 2-1-24 所示。

图2-1-23　比例和尺度示例——花形和花器

图2-1-24　比例和尺度示例——环境因素

［来源：第四届中国杯插花花艺大赛（唐山）］

（3）黄金分割

黄金分割比的基本公式是一条线分成两段，小线段 a 与大线段 b 的长度比恰等于大线段 b 与全线长度之比，即 a：b = b：（a + b），其比值约为 0.618：1，这是公认为最美的比例。应用黄金分割比例，在视觉造型上容易达到统一与变化，古今中外的建筑物广泛应用。此外按等比级数截取枝条的长度，如 2、4、8、16 等使枝条距离渐渐拉大，也可产生韵律和渐变的强烈效果。

花形的最大长度为 1.5 ～ 2 个花器单位即体现了黄金分割原理。黄金分割原理在插花中的应用还体现在：三主枝构图中，一般三个主枝之间的比例取 8：5：3 或 7：5：3。

根据黄金比例原理计算，人的视觉中心是在黄金分割的焦点，此位置最易引起人们的注意。该焦点通常位于插花作品中部偏下的重心处，也是构图重心，通常把花大、色艳、香浓的花插在这一点上或其附近。

（4）确定插花作品的整体尺度

插花作品的整体尺度取决于作品摆放的空间大小和要求，而尺度适宜的装饰，才能达到美化装饰环境的目的。一般来说，展室展馆、室外展览作品可根据空间场地大小创作出 3m×3m，高达 3 ～ 5m 或更大的作品，以与宽大的空间相协调。室内摆放作品按大小可分 3 类：大型作品，一般在 1.5 ～ 2m 范围内，高 2 ～ 3m；中型作品，一般在 1m×0.8m 范围内，高 1.5 ～ 2m；小型作品，一般在 0.5m 的范围内，高 0.3 ～ 0.5m。但是具体作品的大小还要根据摆放的具体环境而定。

2.1.2.2 动势与均衡

动势与均衡是对立统一、相辅相成的关系。均衡就是平衡和稳定，是指插花造型各部分的相互平衡关系和稳定性（图 2-1-25），是插花造型的首要条件。动势是指整个作品形象地处于运动状态，是一种动态的感受。均衡与不均衡是指插花构图中各部分力量分布的状况。在对称式插花构图中，重心两侧基本相等，最易取得均衡，作品也很稳定。但过于均衡，作品就会失去动感，没有动感的作品对人的心理刺激效应较小，就显得不太生动和感染力不强。不对称式构图作品具有动感，生动活泼，但这类作品在插作时不易保持重心平衡，处理不好会让人觉得作品不稳定，似乎要倾倒。因此，对于这类作品，处理好插花构图的稳定性就显得尤为重要。可以充分利用人对色彩、形状、质地等的错觉（如深色的花材比浅色的显得重，紧凑厚实的花材比松散、质薄或镂空的显得重，质地粗糙的花材比细腻的显得重），将视觉上较重的花材插在作品的下方或靠近中心处，而把视觉上较轻的花材插在作品的上方或外围，以取得视觉上的平衡。在插花中，无论什么样的构图形式，无论花枝在容器中处于什么状态（如直立、倾斜、下垂或平伸），都必须保持平衡和稳定，才能使整个作品给人以安全感。保持平衡和稳定要通过大量的插花实践来慢慢体会，逐步掌握。

（1）平衡

平衡有对称的静态平衡和非对称的动态平衡之分。

对称平衡的视觉简单明了，给人以庄重、高贵的感觉，但有点严肃、呆板。传统的插法是花材的种类与色彩平均分布于中轴线的两侧，为完全对称。现代插花则往往采用组群式插法，即外形轮廓对称，但花材形态和色彩则不对称，将同类或同色的花材集中摆放，可使作品产生活泼生动的视觉效果，这是非完全对称，或称为自由对称。

非对称的平衡灵活多变、飘逸，具有神秘感。有如杂技表演，给人以惊险而平稳的优美感。非对称式平衡没有中轴线，左右两侧不相等，但通过调整花材的数量、长短、体形的大小和重量、质感以及色彩的深浅等因素可使作品达到平衡的效果，就如中国的"秤杆"原理，无论轻重的物件都可用同一杆秤，通过调整秤砣的位置即可平衡。这是非对称平衡的妙处。如图2-1-25（右）作品，雪柳枝如一棵横倒于湖边的大树，虽已倾斜，但由于树干牢固地生长于大地，浑厚稳定，仍能达到平衡效果。

(a) [来源：2019世界月季洲际大会(南阳)]　　　　　　　(b) (作者：梁胜芳)

图2-1-25　动势与均衡示例

（2）稳定

稳定也是均衡的重要因素，当造型未稳定之前，谈不到均衡，这关系着所有造型要素的综合问题，如上所述的形态、色彩、质感、数量乃至运动、空间等都对稳定性有影响。虽然均衡原理偏重形式方面，但心理感觉也是影响因素，一件作品如表现出头重脚轻、摇摇欲坠、行将倾塌之势，必令人心理紧张。所以稳定也是形式美的重要尺度之一。一般重心愈低，愈易产生稳定感。所以插花有上轻下重、上散下聚、上浅下深、上小下大等要求。颜色深有重量感，故当作品使用深浅不同的花材时，宜将深色的花置于下层或剪短些插于内层，形体大的花尽量插在下方焦点附近，否则不易稳定作品的重心。

插法方面要求做到"起把紧，瓶口清"，即插口集中紧凑也起稳定的作用，犹如一棵生长旺盛的植物，一丛怒起，具有生命力。所以瓶插时，各枝条的插口应尽量集中，使之呈现如出一杆之势，不要杂乱无章，塞满瓶口。

2.1.2.3　多样与统一

多样是指一个作品是由多种成分构成的，如花材、花器、几架等，花材常常又不止一种。

统一是指构成作品的各个部分应相互协调，形成一个完美的有机整体。

多样与统一是矛盾的两个方面，统一是主要方面。一个作品，无论由多少部分组成，都必须表现出统一性，否则就不是一件完整的艺术品，不能产生美感，因此，统一是第一位的。但过分统一，不注意多样，又会使作品显得呆板。应在统一中求多样。

实际中常常是多样易做，统一难求。可通过主次关系的搭配、呼应、集中等形式来求得统一。

（1）主次

众多元素并存时，需要一个主导来组织它，这个主导起着支配功能，其他都处于从属地位。一个作品，主导只能有一个，否则多主即无主。如一个十分漂亮、五彩缤纷或很特殊的花器，其主要功能是供人欣赏，则插入的花只能作陪衬，色彩不宜过艳，数量不宜过多，让视觉能集中在花器上。而以插花为主的花器则宜选用线条简洁的单色素花器，最好是黑、白、灰等中性色彩。选用花材时，也应以某一品种或某一颜色为主体，千万不要各种色彩或各种花材数量均等，否则就显得杂乱无章了。作为"主"的部分不一定要量大，或是华丽、强烈、特别，抑或是占领前方位置，或配合主题起点睛作用，则虽然数量不多，但只要安排得当都可起主导作用。一旦确定主体后，其他的一切都要围绕主体，烘托主体，不可喧宾夺主。

（2）集中

集中即要有聚焦点、有核心。有聚焦点才有凝聚力，如一朵花，花蕊是其焦点，花瓣则以焦点为核心向外扩散。一株植株，其茎秆为其据点，枝叶向外伸展。所以一个作品，焦点处理十分重要。焦点一般位于各轴线的交会点，在 1/4 ～ 1/5 高度附近靠近花器处。焦点处不能空洞，应以最美的部位示人。所以焦点花一般都是 45°～ 65°向前倾斜插入，将花的顶端面向观众，各花、叶的朝向应面向焦点逐渐离心向外扩展，才有生气。大型作品可做焦点区域设计，利用组群技巧做出焦点区。

（3）呼应

花的生长是有方向性的。插花时必须审视花、叶的朝向，所谓"俯仰呼应"才能统一。如彼此相背各自一方，则花型必散，失去凝聚力。除了注意花材的方向外，重复出现也是一种呼应。尤其是一个作品通过两个组合表现时，则两个组合所用的花材、色彩必须有所呼应，否则不能视作同一整体。当一个大型展位需分别摆放几个不同命题的作品时，亦可考虑彼此的关联性，使整个展位有统一感。例如，以竹为主要的创作元素，展位总设计围绕"圆与方"，而各个作品分别表现自身的意境，三个作品各有独立命题，但都是松与竹的姿韵，因而能取得整体统一的效果（图 2-1-26）。

2.1.2.4 调和与对比

（1）调和

调和就是协调，表示气氛美好，各个元素、局部与局部、局部与整体之间相互依存，融洽无间，没有分离排斥的现象，从内容到形式都是一个完美的整体，如图 2-1-27 所示。

图2-1-26　多样与统一示例（作者：黄仔）

图2-1-27　调和与对比示例（作者：程新宗）

调和一般指花材之间的相互关系，即花材之间的配合要有共性，每一种花都不应有独立于整体之外的感觉。

调和可通过选材、修剪、配色、构图等技巧达到。此外通过对比与中介可使作品更生动活泼和协调。

（2）对比

对比是通过两种明显差异的对照来突出其中一种的特性。如大小、长短、高矮、轻重、曲直、直折、方圆、软硬、虚实等都是一对矛盾。例如，本来不是很高的花材，因在其下部矮矮地插入花朵作对照，则显得其高昂。再如一排直线，中间夹一条曲线则显得直线更直，这就是对比的效果。但要注意对照物不能太多太强，否则易显得喧宾夺主，失去对照的意义。如图 2-1-28 ～图 2-1-30 所示为对比的示例。

图2-1-28　荣枯对比（作者：张二海）

图2-1-29　虚实对比（来源：2017
洛阳王城公园花展　）

　　对比还能提高造型情趣，增添作品的活力。如一件作品，要有花蕾、微开的花和盛开的花，形体大小不同才好看，如果所有花都大小一样、形体单一，或令其一律面向前方，则十分呆板乏味；硬直的花材，加入些曲枝或软枝可使之柔化；圆形的花、叶加入一些长线条的花材，可增添情趣；一排直立的线条令其中有 1～2 条曲

图2-1-30　气氛对比示例（作者：刘若瓦、梁勤璋）

折倒挂，破其单一，画面会更生动。这就是中国国画画理中的"破"。"破"能产生一种起伏跌宕、平中出奇的意外效果。插花时花器口如果外露，那瓶口处一条平直的线往往与花型不相协调，这时应用一些枝叶稍作遮掩，盖去部分瓶口以破其光滑平直，可使画面统一协调。

　　（3）中介

　　相同或类似元素在一起容易协调，但互不相干甚至反差悬殊的元素合在一起时，就不容易协调，这时要从中找出它们之间的关系（或色彩，或形态），也可采用加入某些中介物等手法使其发生新的关系，这也是调和的重要手段。如形体差别大时，在对比强烈的空间加入中间枝条，可使画面连贯；对比色彩强烈时加入中性色加以调和，可使从视觉上产生流畅舒服的感觉。

　　（4）一致性

　　主要是指花材与花器之间的统一和谐关系。可注意以下几点：

　　一是色彩上，花材与花器色彩相近容易达到一致性，而色彩呈对比色时，应注意调和。花器色彩选择中性色彩，如黑、白、灰、金等颜色，容易与花色彩相统一，达到一致性。

　　二是形式上，东方式花器应插东方式造型，西方式花器应插西方式造型。

三是内涵上，即内容上要和谐，如表现田野风景时，用华丽的玻璃花器就不协调。再如西式插花用很简陋的竹筒等花器也不和谐。

2.1.2.5 韵律与节奏

韵律就是音韵和规律，音通过高低强弱、抑扬顿挫等有规律的变化，形成优美动听的旋律。我国古代的诗歌很注意韵律，在造型艺术中，韵律美是一种动感美，插花也一样，人们通过有层次的造型、疏密有致的安排、虚实结合的空间、连续转移的趋势，使插花富有生命活力与动感。重复的出现不单有利于统一，还可引导视线随之高低、远近地移动，从而产生层次的韵律感。花、叶由密到疏、由小到大、由浅到深，视线也会在这种连续的变化中飘移，产生一定韵律感。没有韵律作品将死气沉沉。

图2-1-31 韵律与节奏示例（作者：叶云）

节奏本为音乐术语，是条理与反复组织规律的具体体现。插花中的节奏表现是指人的视线在插花作品的空间构图上做有节奏的运动，主要是通过线条流动、色块形体、光影明暗等因素的反复重叠来体现的。如花材的高低错落、前后穿插、左右呼应、疏密变化及色块的分割都应当像音符一样有规律、有组织地进行，而不能忽高忽低，或只呼不应，或疏密无致。

插花作品的韵律和节奏是指插花在构图形式上具有优美的情调，在有规律的节奏变化中表现出像诗歌一样的抑扬顿挫、平仄起伏，这是插花艺术表现上较高的要求（图2-1-31）。许多插花作品插得杂乱无章、支离破碎或者平淡无奇，大多是没有掌握好节奏与韵律这一原理。

2.1.2.6 小结

以上各构图原理是互相依存、互相转化的，疏密不同即出现空间，疏密布置得当，上疏下密即产生稳定的效果；高低俯仰、远近呼应不仅产生统一的整体感，也呈现出层次和韵味。只要认真领会个中道理并应用于插花作品中，即可创作出优美的形体。一个优良的艺术造型，除了具有外表的形体外，更要透过形体注入作者情感，通过形体表达一定的内涵，令意境和造型交织融合才能动人心弦。

■ 2.1.3 造型法则

（1）高低错落

《瓶史》中有"花夫之所谓整齐者，正以参差不伦，意态天然，如子瞻之文，随意断续，青莲之诗，不拘对偶，此真整齐也"之说，正所谓"不齐谓之齐，齐谓之不齐"。画面要有远景、中景和近景，插花也要插出立体层次，要有高有低、有前有后，要有深度，不能都插在一个平面内。一般初学者只看到左右的分布，而看不到前后的深度，应建立透视的概念，使作品有向深远处延伸之势。所以花枝修剪要有长有短，一般陪衬的花叶其高度不可超过主花，此外深色的花材可插得矮些，浅色的花材插得高些，这是通过色彩变化增强层次感的方法。如图2-1-32 所示为造型法则示例。

图2-1-32　造型法则示例（作者：张二海）

（2）疏密有致

插花作品中，花朵的布置忌等距，要有疏有密才有韵味，如有四朵花，则三朵一组间距小些，另一朵宜拉开距离插到较远处，五朵花则三朵一组，另两朵拉开距离。疏密关系在一件作品中至关重要，要做到"疏可走马，密不透风"。

（3）虚实结合

空间对艺术品十分重要，中国国画的布局都留出一角空白，书法也讲究"布白当黑"，如密集一团就看不清字形了。中国古语有云"空白出余韵"，可见空白对韵味的作用。插花也一样，空间就是作品中花材的高低位置所营造出的空位。一个作品如密密麻麻塞满花、叶，则显得臃肿、压抑，中国传统的插花之所以讲究线条美，就是因为线条可划出开阔的空间。过去西方传统的插花以大堆头著称，现代也注重运用线条了。插花作品有了空间就可充分展示花枝的美态，使枝条有伸展的去处，因为空间可扩展作品的范围，使作品得以舒展。各种线材，无论是扭扭曲曲的枝条，还是细细的草、叶，都是构筑空间的良材，善于利用即可使作品生动，飘逸有灵气，韵味油然而生。现代插花十分注重空间的营造，不仅要看到左右平面的空间，还要看到上下前后的空间。空间安排得适当与否也是插花技艺高低的标志之一。

（4）俯仰呼应

上下左右的花朵、枝叶要围绕中心顾盼呼应，既要反映作品的整体性，又要保证作品的均衡感（图2-1-32）。

（5）上轻下重

插花作品中，一般大花在下，中小花在上；盛花在下，花蕾在上；深色花在下，浅色花在上；团块状花在下，穗状花在上。这样才能给人以稳定均衡的感觉，并应有所穿插变化，以不失自然之态。

（6）上散下聚

插花作品在花朵、枝叶基部聚拢在一起，似围在一起，同生一根，上部疏散，多姿多态（图2-1-32）。

总之，在插花艺术创作过程中，掌握以上六法，才能使插花作品在统一中求得变化，在动势中求得平衡，在装饰中求得自然，使作品既能反映自然的天然美，又能反映人类匠心的艺术美。

2.1.4　色彩应用

花具有美丽的色彩，插花艺术就是把这些颜色加以适当处理，从而给人以美的享受。所以，在插花之前，首先要了解不同的花色在插花构图中的作用，然后再进行配置设计，以达到清晰和富有特色的表现效果。一件插花作品展现在人前时，它给人最直观的感觉就是它的动人色彩和优美的造型，色彩和造型是构成插花形式美的两个主要因素。可以说色彩与造型是密切相关的，二者互为依存，互为烘托。造型与色彩的完美结合是表达的主要手段。而花的色彩是最醒目、最诱人的，也是形式美中最大众化的审美感觉，因此，插花创作中，色彩的搭配就显得尤为重要，常常成为决定作品成败的关键因素。

2.1.4.1　花材的颜色

大自然的色彩极其丰富多彩，例如植物的花有着丰富的色彩，植物的其他观赏部位也有着与众不同的色彩，如红色的红瑞木枝条、白色的银柳观赏芽。同一种植物的不同品种也有着各自不同的色彩，如不同品种的菊花花朵有着不同的色彩（黄色、绿色、淡红色、深红色、白色）；又如火鹤花，品种丰富，有白色的白掌、红色的红掌、绿色的绿掌、粉红色的粉掌、咖啡色的咖啡掌、红绿相间的红绿掌、绿白相间的绿白掌等。每一种花材色彩都有它的寓意，会影响人的情绪，引起不同的心理反应，在插花的色彩配置中，有效地利用这一特性，就可深切感受到色彩的艺术魅力。

红色的花材有红掌、牡丹、月季、芍药、红色马蹄莲、朱蕉、鸡冠花、香石竹、红瑞木、非洲菊（又称扶郎花）、朱顶红。

粉红色的花材有粉掌、牡丹、芍药、荷花、百合、蝴蝶兰、香石竹、扶郎花、朱顶红。

黄色的花材有菊花、迎春花、黄馨、月季、大花蕙兰、文心兰、向日葵、香石竹、扶郎花、黄金球。

橙色的花材有月季、变叶木、鹤望兰、扶郎花。

蓝色的花材有勿忘我（波状补血草）、大花飞燕草、藿香蓟、孔雀草。

紫色的花材有桔梗、姜花、蛇鞭菊、紫藤。

白色的花材有菊花、月季、百合、满天星（丝石竹）、香石竹。

绿色的花材有菊花、绿掌、月季、扶郎花、绣球花、大花蕙兰。

灰色的花材有银叶菊、桉叶。

黑色的花材比较少，一般用植物的一部分器官做花艺设计，如向日葵的花心、西瓜子、棕榈的果实等。黑色一般是花器选择的色彩及插花作品的装饰背景。另外，选择花材、花器色彩时，还要注意到光源色和环境色对作品色彩的影响。

2.1.4.2 插花构图中色彩的配置原则

在了解了色彩构成知识后，还要掌握插花艺术中色彩配置的基本原则，以使作品具有柔和、舒适、愉悦的美感。

（1）色彩配置

主要包括3个方面：①作品所使用的植物材料和非植物材料在同一插花作品中的色彩配置。②作品与花器的色彩配置。③插花作品与周围环境的色彩配置。

（2）色彩配置原则

色彩配置应遵循以下原则：①花色不宜过杂，一般以1～3种花色相配为宜，并要有主次之分，才能在丰富中求得统一。②多色相配时，花色要有主次，切忌色彩平均使用，必须有一个主色调，其他色彩起烘托作用，这样才可取得色彩的协调。③除特殊需要外，一般不宜用对比强烈的颜色相配，以免产生刺眼、不舒服的视觉感应。④不同花色相邻之间应互有穿插与呼应，以免孤立生硬。⑤配色不仅要考虑花材的颜色，同时还要求花材与花器、花材与周围环境、花材与季节色彩相协调，这样才能产生整体色彩和谐的美感。⑥恰当地运用白、黑、灰、金、银等特性颜色，它们与绝大多数色彩组合，都可获得和谐的色彩效果。

2.1.4.3 插花的配色设计

五颜六色组合在一起，并不一定美，搭配不好反而使人感到烦躁不安。一件作品的色彩不宜太杂，配色时不仅要考虑花材的颜色，同时还要考虑所用的花器以及周围环境的色彩和色调，只有互相协调才能产生美的视觉效果。

（1）同色系配色

同色系配色即用单一的颜色，这对初学者而言较易取得协调的效果。例如，利用同一色彩的深浅浓淡，按一定方向或次序组合，可形成有层次的明暗变化，产生优美的韵律感。

（2）近似色配色

利用色环中互相邻近的颜色来搭配，如红 - 橙 - 黄、红 - 红紫 - 紫等。这时，应选定一种色为主色，其他为陪衬，数量上不要相等，然后按色相逐渐过渡使产生渐次感，或以主色为中心，其他在四周散置也能起到烘托主色的效果。如图2-1-33所示。

图2-1-33　配色设计示例——近似色（作者：施斌）

（3）对比色配色

对比是将明暗悬殊或色相性质相反的颜色组合在一起。色环上相差180°的颜色称为对比色或互补色，如红与绿、黄与紫等。对比色由于色彩相差悬殊，可产生强烈和鲜明的感觉。需注意色彩的浓度，一般降低其纯度较易调和，如用浅绿、浅红、粉红等。深色间点其中作点缀，效果较好。绿色是植物尤其是叶片的基本色，插花时要善于利用。对比的配色除了通过调整主次色的数量（面积）和色调达到和谐统一的效果外，还往往选用一些中性色加以调和。黑、白、灰、金、银等色能起调和作用，故又称补救色。因此，插花时加插些白色小花十分重要，可使色彩更明快和谐。而花器选用黑色、灰色或白色较易适应各种花的颜色。如图2-1-34所示。

图2-1-34　配色设计示例——
对比色（作者：贺永召）

当环境微暗时，宜用对比性稍强的颜色，而在明亮的环境中，则可用同色或近似色系。

（4）三等距色配色

在色环上任意放置一个等边三角形，三个顶点所对应的颜色组合在一起，即为三等距色配色。如花器是红色，花材选用黄色和蓝色，或紫色的矢车菊和橙色的康乃馨加上绿叶等，这些色彩配出的作品鲜艳夺目、气氛热烈，适用于节日喜庆场合，但同样应以中性色调和，加插白花或用白（黑）色的花器等。如图2-1-35所示。

图2-1-35　配色设计示例——三等距色、缤纷色（作者：黄仔）

（5）缤纷色彩的搭配

色彩搭配跨度几个色系及色系的相邻色系，搭配得好，使用得当的话能给人以奢华、艳丽、精致的色彩效果，令人感觉世界丰富多彩。多色搭配应有主次之分。

（6）彩色与无彩色

即彩色与黑、白、灰等色的搭配。

（7）以某色调为主

在一个作品中，可以以某种色调为主：淡色调、亮色调、暗色调、灰色调、暖色调、冷色调、中色调等。如图2-1-36所示。

图2-1-36　配色设计示例——以蓝色调为主［来源：2016第四届中国杯插花花艺大赛（唐山）］

2.2·插花的基本步骤

插花的基本步骤，主要包括立意构思、花材与容器的选择、花材修剪、构图、造型、插作、命名、清理现场等。首先，通过植物品性、形状、造型、情感及器具等方面进行插花作品的立意构思、花材的处理、插花制作等。对花材的品种、形状、色彩进行选取，并根据造型、寓意、生态习性进行合理搭配。然后，根据插花构图的原则及规律，进行插花基本造型的创作过程，通过插花作品艺术的形式，借助作品的立意构思、造型的表达、情感的捕捉折射出创作者对艺术的感悟与理解，表现出插花艺术最美的形态和深刻的意蕴。最后，通过对插花作品的命名进一步深化主题、把控整体情感，以引导观赏者在情感上的共鸣。插花艺术是一种精神追求，包含丰富的文化内涵、系统的插花理论、精湛的插花技艺与独特的赏花方式。

■ 2.2.1 立意构思

立意是指作品所要表现的中心思想，是艺术创作的灵魂，故在着手之前，要对整体的中心立意进行把控，要追求意境的完美，既要立形，又要立意。插花创作中的立意有的"意在笔先"，有的"意随景出"，在形中蕴含着丰富的思想感情，可达到以形传神、形神兼备、情景交融的效果，这也是插花艺术具有的独特风格和魅力。

通常插花艺术作品从以下几个方面立意：

（1）根据植物品性立意

如以梅之傲雪凌霜，兰之高雅纯洁，竹之高风亮节，菊之不畏风霜作为"四君子"题材创作。以青松、翠柏、红梅作为"岁寒三友"题材创作。如图2-2-1所示。

图2-2-1 梅林春早——品性立意示例（作者：刘若瓦）

（2）根据植物形状立意

例如，马蹄莲素洁纯真，飘逸如云，形似嫦娥奔月；水烛、火鹤花形似蜡烛；棕榈叶形似孔雀开屏等。因此，可根据花材的特殊形态，以形立意。

（3）根据作品造型立意

主干飘舞、轻柔，往往表现风、舞姿、归等题材；主干直立、挺拔，可表现向上、奋发等形象；放射形枝条，可表现光、扩散等含义。

（4）根据创作目的和要求立意

首先，应确定插花的用途是节日喜庆用，还是一般装饰环境用，是送礼还是自用等。可根据用途确定插花的格调，是华丽还是清雅。其次，应明确作品想表现的内容或情趣，是表现植物的自然美态，还是借花寓意，抒发情怀，或是纯造型。

（5）根据插花器皿、摆件立意

在插花创作中，运用随手可得的各种器皿，赋予主题，常会达到意想不到的效果。

2.2.2 选材

选材主要是指根据插花作品的立意构思选择相应的花材、花器及其他附属品。插花的花材种类繁多，形态各异，生活习性不同。故我们在选材时需要慎重考虑花材的各个方面。

2.2.2.1 花材的选择

（1）根据花材的性质选择

首先优先选择生活习性相同或相近，并有一定观赏价值的花卉。而有毒、有刺激性气味、易引发过敏的花卉不宜选择。

（2）根据花材的形状选择

插花常根据花材形状，将其分为线状花材、团块状花材、特殊形状花材和散状花材。

① 线状花材是指外形呈长条状和线状的花材，在插花构图中通常起骨架作用，用于构建花型的轮廓，决定作品的尺度。在插花作品中常用作线状花材的植物有迎春、连翘、金鱼草等。

② 团块状花材又称圆形花，是指外形呈较整齐的圆团状、块状的花材，插花中常用作主花或焦点花。常用的团块状花材有玫瑰、百合、月季、康乃馨等。

③ 特殊形状花材指那些形状不规整，结构奇特、别致的花材，多用作焦点花以引人注目。常用的特殊形状花材有鸡冠花、鹤望兰等。

④ 散状花材又称为填充花。插花作品中常用一些细碎花朵或细小枝叶的散状花材来填充花叶间的空隙，以增强作品的层次感和饱满度。常见的散状花材有满天星、勿忘我、情人草等。

（3）根据花材的色彩选择

按色彩可将花材分为红色系、黄色系、绿色系、白色系、紫色系等。对初学者而言，建议选用同色或相似色彩的花材进行搭配，以取得协调美观的色彩效果。假如作品中有多种颜色的花材，应确立一个主色调，主色调花材数量占到七成以上，其他颜色的配花应占少量。

2.2.2.2 花材搭配

花材搭配需从以下几个方面考虑。首先应考虑作品用途，是用于花艺展览，还是家居办公等场所插花；是送人的礼物，还是自己观赏等。用途不同，搭配也不同。其次应考虑作品摆放的空间大小、环境、花器尺寸，以及季节、经费预算等，这些因素也会影响花材搭配。具体可从造型组合、配色原理、花材寓意、植物生态习性4个方面去考虑。

（1）根据造型组合搭配花材

在西方花卉构图中，骨架花的选择尤为重要，L形需要直线感强的花材，半球形可选块状花材，S形则需要具有曲线感的花材，可选用散尾葵、玫瑰来打造作品的曲线感。骨架花选定之后是主花和焦点花的考虑，最后是填充花和填充叶的确定。现代插花作品则常常需要点线面的组合，以及花材质地、形态上的协调与统一。主花构图则首先考虑线条是什么，然后确定主花或焦点花是什么，外加副花、基盘叶等，才能完成一件插花作品的花材准备。

（2）根据配色原理搭配花材

在花材选择时应注意植物的色相、纯度及明度，明度越高，色彩越浅，作品表现越轻盈；反之，则越沉稳。初学者一般建议多用单一色或近似色配色，有一定基础后再用对比色等配色方法进行搭配。不同的色彩可以呈现季节的变化，也可以表达个人的情感。

（3）根据花材寓意搭配花材

例如婚礼用花，多选用玫瑰、百合、马蹄莲等象征矢志不渝爱情的花材；而在一些喜庆节日时中国人多选用春节的桃花（好运）、银柳（银元滚滚）、剑兰（步步高升）、佛手（福）、百合（百事和合）等带有吉祥美好寓意的花材。如图2-2-2所示，梅破知春近，即是利用寓意选材的示例。

图2-2-2　寓意选材示例——梅破知春近（作者：刘若瓦）

（4）根据植物生态习性搭配花材

例如表达一组水景时会选择水生植物荷花、菖蒲、睡莲、海芋、百子莲等；如想再现沙漠景观，则会搭配仙人掌类植物和景天科多肉植物。而寓意不同的花材，如富贵的牡丹不会和野生的狗尾草搭配；季节不同的花材，如春天的郁金香也不会和秋天的菊花搭配在一起。我们只有了解了植物的特质，才能将花材更好地进行搭配。如图2-2-3所示。

图2-2-3　季节选材示例（作者：汉秀丽）

2.2.2.3　插花器皿和工具

插花的器皿有多种，优秀的插花作品通常花器、花材和花型为一个整体，不同形状、大小、质地、颜色的花器所形成的插花作品都会有不同的风格和韵味。

首先在花器的选择上要保证干净卫生，可以起到盛放或支撑花材的作用。其次，在容器选择时，应适合插花作品的立意构思，符合总体风格。最后，应根据所摆放的场合进行挑选。例如，隆重正式的场合使用时，可以采用金属容器，搭配色彩华丽的花卉，以密集组合为好；而在一些淡雅古朴的装饰风格中，则可以采用陶瓷容器，搭配色彩清新淡雅的花材，简单组合即可；而在商业礼仪场合中，采用最多的是花篮，搭配色彩艳丽花卉，密集组合即可；而一些透明容器，则可以搭配根部美观的花卉，进行简单组合。插花艺术中常用的花器如图2-2-4所示。

（1）花器

花器就是插花的容器。它的作用有：一是盛放、支撑花材；二是作为插花作品构思、造型的重要组成部分；三是作为容器储水以供养花材。因此，花器也是插花创作不可缺少的重要素材，选择适宜的花器是插花造型的第一步。现代花器的种类很多，只要能装花、盛水的器具都可以用来作花器。

图2-2-4　插花常用花器（来源：艺花道）

① 按材质分　可分为陶器、玻璃花器、石头花器、金属花器、塑料花器、草编花器、藤编花器、木制花器等。

② 按形状分　常可分为盘、瓶、钵、吊挂花器、篮类花器等类型，如图 2-2-5 ～图 2-2-7 所示。

(a) 碗　　　　　　　　　(b) 瓶　　　　　　　　　(c) 筒

图2-2-5　钧瓷

(a) 北宋三十一孔瓷花器　　　　　　　　　(b) 宋官窑花器

图2-2-6　仿古花器一（来源：2019年北京园博园花艺展）

(a) 南宋元龙泉青瓷五管瓶　　　(b) 清代青花阿拉伯文七孔花插　　　(c) 清代炉钧釉瓷
葫芦式三管花插

图2-2-7　仿古花器二（来源：2019年北京园博园花艺展）

　　a. 盘　具有盘浅口阔的特点。盘可随意使用花插和花泥固定花材，其与空气接触的水面广阔，有利于延长插花的观赏期，是基本花型、图案花型和抽象花型的常用花器。

　　b. 瓶　具有窄口瓶身高狭的特点。这类花器一般用于瓶插。由于花瓶口窄身高，瓶插一般多用清雅高瘦花枝为主。瓶插有利于盛水养护花材。

　　c. 钵　是底小口径大的碗形花器，其高要高于花盘。常用于制作大堆头的西方式插花。浅钵用法与盘类似。

　　d. 吊挂花器　这类花器可进一步区分为壁挂式花器和悬吊式花器。壁挂式花器多由草或藤编制而成，其特点适宜于插制壁挂式干花或其他人造花。悬吊式花器适于悬挂在室内高处供四面观赏。

　　e. 篮类花器　这一类容器一般是用竹或藤编制而成的，外形如篮，常用于制作各种花篮。运用时要注意垫上塑料纸，以保水养花。

　　此外，日常生活中的盘、碟、罐、烟灰缸、瓶、筐等都可以用作花器。也可以根据插花作品的构思，有针对性地自己动手制作个性化的花器。但需注意，所有花器在制作插花作品之前必须洗刷干净，并在插花作品的展示过程中保持清洁。

（2）插花工具（图2-2-8）

① 刀　用于削、截鲜切花。

② 剪刀　用于剪截粗硬的木本枝条。

③ 喷雾器　是插花作品喷雾保湿的工具。

④ 铁丝　插花中常用26号和18号绿色插花专用铁丝，用于花材的造型、加长。

⑤ 铁丝网　多用于大型花篮中加大花泥的支撑力、固定花泥等。

⑥ 胶带　插花专用胶带，有多种色彩，用于固定黏合插花材料。

⑦ 花插（针座、插花器）　由许多不锈钢或铜针固定在锡座上铸成，起到固定和支撑花材的作用。

(a) 剪刀

(b) 铁丝

(c) 胶带

(d) 花插

图2-2-8　插花工具（来源：花叶居）

⑧ 花泥（吸水海绵） 用酚醛塑料发泡制成，有干花花泥和湿花花泥。干花花泥是专供插干花和人造花用的花泥，湿花花泥则是花泥经吸水后制成的，用于鲜切花作品制作。花泥起固定和支撑花材的作用，一般使用 1～2 次后报废。

⑨ 插花配件（摆件） 常是一些小型的工艺品，如瓷人、小动物等，能起到烘托气氛、加深意境、活跃画面和均衡构图的作用。是否选用配件，取决于构思立意的需要，不应乱用配件，且使用配件不能喧宾夺主，能不用就不用。

此外，东方式插花还讲究花几、花架及垫座的选用，既可以起到均衡插花作品的作用，还可增强作品的艺术感染力。

■ 2.2.3 造型

造型就是把艺术构思变成具体的艺术形象，也就是在完成选材后，根据艺术构思选择适合表现插花作品主题的艺术表现形式，插作造型优美生动、别致新颖，花材组合得体、符合构图原理，视觉效果好的插花作品的过程。

插花作品造型必须根据构思立意来选择。如果以装点礼仪、美化环境、烘托气氛为主，宜选用西方式插花造型来表现插花作品。常用的基本造型有 10 多种，如塔形插花、半球形插花、L 形插花、S 形插花、不等边三角形插花等。可以选用单一造型来制作插花作品，也可以将两种造型组合在一起制作复合造型的插花作品。如果以借花寓意、抒发情怀、表达思想为主，宜选用东方式插花造型来表现插花作品。常用的东方式插花造型有直立型、倾斜型、平卧型、下垂型。如果以表现自然美、生活美为主，宜选用写景式的造型来表现插花作品。此外，还可以选用中西合璧的造型来表现作品，以融汇东方式插花与西方式插花的特点，既有优美的线条也有明快艳丽的色彩，更渗入了现代人追求变异、不受拘束、自由发挥的意识，但求造型优美，既有装饰性，也有一些抽象的意义。

■ 2.2.4 插作

在插花作品的造型确定以后，就可以运用裁、弯、插等基本技能，通过插作把花材的形态展现出来。裁，即根据造型的需要，把花材削或剪成适宜的长短。弯，即利用花材运用技巧，把花材弯成所需要的形状。插，即应用花材造型或固定技巧把花材稳固地插置于所需位置。在造型过程中，作者应用心与花"对话"，边插边看，捕捉花材的特点与情感，务求表现出最美的形态和深刻的意蕴。为了突出主题，造型时应设法将人们的注意力引导到作者想要表达的主题上，让主题花材醒目、突出，其他花材退居次要位置。

在花材插作过程中应注意以下几个方面。

（1）花枝的数量与位置

① 主枝的数量与位置 插花无论使用哪种花器（浅盘或高身花瓶），其基本形式都是一致的，先在花泥上按黄金分割原理进行平面定位，一般是以三个枝条根据不对称均衡原理确定

插制定点，构成不等边三角形的外轮廓线。第一主枝是最长的一枝，选用最茁壮的花茎直插正中，根据"花与瓶"的黄金分割定律，先确定第一主枝的长（高）度，即第一主枝的长（高）度约为（花器的高度＋直径或宽度）之和的1.5倍。第二主枝，插在第一主枝旁，朝前斜向伸出约45°，它的长度约为第一主枝的2/3。第三主枝，约为第二主枝的3/4，与第一、第二主枝基本上呈直角朝前斜向飘出，以获得构图的平衡。三支主枝应牢牢插在一处，使人感到三支都出于同一主茎，有浑然一体之感。

② 从枝的数量与位置　围绕主枝所补充的花枝称为"从枝"，起到陪衬的作用，在作品中，从枝是用来充实整个构图的，所以从枝的数量是没有限定的，要视作品的需要、场合的大小而自由增减，但有一个原则：每一枝从枝的高度都不能超越各自从属的主枝。因为主枝好比"骨架"，而从枝好比"血和肉"。主枝的长（高）度可以用尺度去量，而从枝的长（高）度只能按个人的审美观以及自身的艺术修养去体会确定。所以有时对从枝的处理比对主枝的处理更难，这足以证明，从枝在插花作品中所占的重要地位。

（2）花枝的姿态与形体

① 花枝的姿态　植物生长都有向光性，花朵和枝叶向着阳光处伸展，而枝条的弯曲是为了避光。在插花时要设想光源所在，尊重植物的生物特性，以确定插作方向。

② 花枝的形体　在传统插花艺术中，花材的线条形体与颜色都单一，则会令观赏者感到乏味，故在插作过程中，常采用"破"的技法，以使作品跌宕起伏、出奇制胜。通常直的线条用曲的线条破，横的线条用竖的线条破，圆的线条用长的线条破。同样，插花时的瓶口线条不宜完整外露，可用花或枝叶遮盖一部分而破之。所谓"破正求奇"，这是中国传统插花的技法之一。

▪ 2.2.5　命名

命名也是插花作品创作的一个步骤，特别是艺术插花的命名可以加强和烘托作品的主题，使作品更具有诗情画意和艺术魅力，并可引导观赏者对作品进行联想，从而与作者在情感上产生共鸣。贴切、含蓄并富有新意的命名对插花作品可以起到画龙点睛的作用。现在也有一些现代艺术插花作品不进行命名，以留给观赏者更多的想象空间，感受插花艺术的独特韵味。

命名的一般方法介绍如下。

（1）形象命名

即根据作品的外部形态来命名。

（2）抽象命名

① 根据作品的主题或意境命名。

② 根据花材的象征意义和谐音命名。

③ 根据容器及配件来命名。

④ 借用典故来命名。

⑤ 根据季节及花卉自然生长特性来命名。

⑥借用成语或诗词名句来命名。

⑦以情感方向来命名。

⑧根据外部环境特点来命名。

■ 2.2.6 整理

整理是插花创作的最后一步。一般需要依据构思，联系插花作品的基本要求，对所制作的插花作品进行整理。

（1）整体构图造型整理

①花材线条形式的应用　线状花材是构成插花作品形状的骨架，花材的线型搭配很重要，整理时应该注意线条的长短、高低、仰俯、疏密是否得当。如有不当，应根据构图需要进行必要调整。

②花材颜色的调和　每个作品的色彩都应当协调，习惯的做法是检查已完成的插花作品色彩的搭配，对与构思不吻合的、不协调的色彩搭配进行调整。

③花材姿态的配合　花型、姿态的配合应该使花艺作品的外观形状、线条形式和色彩搭配保持协调。如检查插花作品是否符合高低错落、疏密有致、虚实结合、仰俯呼应、上轻下重、上散下聚的构图原则等。

（2）辅助花材的整理

作品完成前一般都用天冬草、蓬莱松、石松、肾蕨等叶材装饰插花作品，以使作品丰满和充满生机。要检查叶材是否插于作品的基部，不能太高；是否将花泥覆盖；插入的角度和花材的长度也应有所变化，以便使作品层次分明、主题突出。另外插花材料的叶片不可浸入水中，因为叶片在水中极容易腐败，污染水质，造成浑浊发臭现象。

（3）其他整理

①场地整理　保持环境清洁是插花不可缺少的一环，也是插花者应有的品德。可以在插花之前铺上废报纸或塑料布，花材在垫纸上进行修剪加工，作品完成后把桌面和地面废物放入垃圾桶，对没有动用的花材、花泥要整理好放回原处，现场不留下一滴水痕和残渣视为洁净标准。在插花作品制作完成后应对插花的场地进行清理，检查插花作品的保水情况，加水喷湿。

②插花作品的放置　按设计要求，把插花作品放置于适宜的位置，可根据实际情况进行细微调整，并应注意以下两个方面的要点。

a.插花作品应与环境协调　例如，客厅是家人集中或接待客人的地方，空间较大，故插花作品形体要较大，色彩宜艳丽，造型应丰满，以营造亲切热情的欢快气氛；书房、卧室的插花要求比较小巧、清淡、典雅；宾馆、饭店大厅，常用落地式大花瓶、大花篮或带支架的大花钵等，布置成色彩缤纷、造型恢宏的大型插花作品，使大厅充满华丽、热烈的气氛。

b.陈设位置要得当　插花作品是高雅、美丽、有生命的艺术作品，宜放置于室内引人注目的适当位置，使观赏者的观赏距离和角度处于最佳状态，尽量扩大插花作品渲染气氛的作用。如从一面观赏的作品，应当放于靠墙的位置；三面观赏的作品，宜放置在房间角隅部位；四面观赏的作品，常放置在房间的中央。通常直立式、倾斜式的作品宜平视，下垂式作品宜稍为仰视观赏；盆景式作品宜俯视，便于看清盆中景致。因此，要注意把插花作品放置在适合的位置。观赏的距离和角度很重要，特别是有的插花作品只有一个主要观赏面，过近会造成视差，使作品在感觉上变形，失去美感；过远又减弱作品的感染力。观赏角度不正确，更是不能正确地感受作品的主题和营造的独特意境。因此，要留出一个适宜的观赏距离和角度才可以使插花作品发挥更大的艺术感染力。插花作品适宜放置在阳光不直射、空气流通、温度较低、湿度较大并且不妨碍人活动的地方，背景和放置插花作品的台面要求洁净、颜色浅淡，不宜华丽浓艳，以防造成喧宾夺主。

2.3 · 常见切花概述

■ 2.3.1　切花基本知识

狭义的切花是指从植物体上剪切下来的带有一定长度茎段的花朵。广义的切花除了花朵外，还包括花枝、果枝、叶片及干枯枝条等。切花从母株上被剪切下来后，仍然依靠自身营养器官进行一段时间的生命运动。目前花店出售的鲜花都称为切花或鲜切花。

切花不是插花，切花是一类花材，其最主要的应用形式是插花，插花是指一种艺术形式。

切花的种类很多，有的千姿百态，有的苍劲古朴，有的色彩明快，有的轻盈柔美，根据应用器官的不同，常常进行简单的分类。

（1）切花

以赏花为主的切花，应用中一般要求花大、醒目、花茎细长挺拔、叶片小于花朵，通常为单花或聚合花。常用种类有月季、菊花、香石竹、唐菖蒲、郁金香、非洲菊、百合、牡丹、芍药；其他切花花卉还有水仙、荷花、向日葵、大丽花、一品红等。

（2）切枝

切枝又叫衬枝，指没有着生花朵的枝条或分枝。切枝枝势优雅，外形线状，有直、曲、拱、扭、垂等多样形态变化，能充分展示其"线条美"。切枝在中国及日本插花中应用广泛。常用种类有梅花、蜡梅、桃、樱花、银柳、垂柳、松类、竹类；其他还有红瑞木、紫藤、迎春、迎夏、金钟、连翘、桂花、紫荆等。

（3）切果

切果果实奇特，果形可爱，通常用来表达春华秋实、成功、丰收等意境。常用的有佛手、柿、南天竹、火棘、石榴、葡萄、香蕉、松球、高粱、玉米、谷穗等。

（4）切叶

切叶指应用叶片的切花。鲜切叶多用常绿植物的叶片，特别是叶片呈革质的种类。这类花材叶形优美，主要用来衬托鲜花。鲜切叶一般有三类：大型叶片，如棕榈、苏铁、散尾葵等；奇型叶片，如龟背竹、合果芋、马蹄莲等；散型叶片，如文竹、天门冬、绣球松等。

■ 2.3.2　常见切花介绍

花材是一件插花作品的主体部分，是作品的主题、意境以及装饰效果的主体体现者，因此选择合适的插花材料是插花创作的关键环节。插花所用的花材种类繁多，包括木本植物、藤本植物和草本植物，在插花时一般以其形状及在插花构图中的用途进行分类。

2.3.2.1　线状花材

线状花材又叫线形花材，指外形呈长条状或线状的花材。它们有的枝干呈长条状，如前面所讲的切枝花材；有的花序呈长条状，如唐菖蒲、蛇鞭菊、金鱼草；还有的枝叶或花朵虽簇生在一起，但它们布满枝条，形成整体的条状或线状，如天门冬。

线状花材可分为直线形、曲线形、粗线形、细线形、刚线形、柔线形等各种形态，各具不同的表现力。如直线形、粗线形、刚线形表现阳刚之气和旺盛的生命力，而曲线形、细线形、柔线形则表现摇曳多姿、轻盈柔美。

线状花材在构图中常起到骨架的作用，常决定作品的比例、高度。特别是创作大型作品如大型花篮、下垂式作品时，如果缺少线状花材，就难以达到一定的高度和长度。许多线状花材，尤其是在东方式插花中，经常起到活跃画面的作用。

常见的线状花材植物有蛇鞭菊（*Liatris spicata*）、唐菖蒲（*Gladiolus gandavensis* Van Houtte）、石斛（*Dendrobium nobile*）、晚香玉（*Polianthes tuberosa*）、金鱼草（*Antirrhinum majus*）、迎春花（*Jasminum nudiflorum*）、飞燕草（*Consolida ajacis*）、贝壳花（*Moluccella laevis*）、马蹄莲（*Zantedeschia aethiopica*）、紫罗兰（*Matthiola incana*）、香蒲（*Typha orientalis*）、芦苇[*Phragmites australis*（Cav.）Trin. ex Steud.]、银柳（*Salix argyracea*）、天门冬（*Asparagus cochinchinensis*）、散尾葵[*Dypsis lutescens*（H. Wendl.）Beentje & Dransf.]、苏铁（*Cycas revoluta*）、鱼尾葵（*Caryota maxima*）、文竹（*Asparagus setaceus*）、棕竹（*Rhapis excelsa*）、大丝葵（*Washingtonia robusta* H. Wendl.）、麦冬[*Ophiopogon japonicus*（L.f.）Ker Gawl.]、桉（*Eucalyptus robusta* Sm.）等植物，具体简介可扫描二维码查看。

常见的线状花材植物简介

2.3.2.2　团状花材

团状花材又叫团块状花材，指单朵花、花序、果序或整株的外形轮廓呈团块状的花材。团块状花材的立体感、重量感强。团块状花材多位于作品偏下或重心附近，又称主花、焦点花，呈现第一视觉效果。这类花材可单独插，也可以用组群的设计手法插。有的单朵呈圆团状，如月季、香石竹、芍药、百合、睡莲、牡丹等；有的整个花序呈圆团状或块状，如鸡冠花、大丽花、菊花、向日葵、非洲菊等，还有龟背竹、绿萝和鹤望兰等的叶片也可视为团状花材。团状花材常是构图中的主要花材，常被用在焦点的附近，其对作品的中心衬托及均衡起着重要的作用。

常见的团状花材植物有郁金香（*Tulipa* × *gesneriana* L.）、月季花 (*Rosa chinensis*)、香石竹（*Dianthus caryophyllus* L.）、菊花（*Chrysanthemum* × *morifolium*）、百合（*Lilium brownii*）、麝香百合（*Lilium longiflorum*）、牡丹（*Paeonia* × *suffruticosa*）、大丽花（*Dahlia pinnata*）、非洲菊（*Gerbera jamesonii*）、一品红（*Euphorbia pulcherrima*）、洋桔梗（*Eustoma grandiflorum*）、桔梗（*Platycodon grandiflorus*）、莲（*Nelumbo nucifera*）、睡莲（*Nymphaea tetragona*）、向日葵（*Helianthus annuus*）、钉头果（*Gomphocarpus fruticosus*）等植物，具体简介可扫描二维码查看。

常见的团状花材植物简介

2.3.2.3 特殊形状花材

花型奇特，极具个性的花材叫特殊形状花材，也叫定型花材，如鹤望兰、鸢尾、帝王花、六出花、火鸟蕉、牛角茄、卡特兰、火鹤花、马蹄莲等。这类花材因其造型独特，本身就具有极强的吸引力，在构图中利用它长长的花茎可用作构架花，也可以作为焦点花用，放在作品的黄金分割点位置（1 ∶ 0.618），成为整个作品的"眼睛"，即构图的主要部分。为突出和保持其独特的形状，应在它们之间或周围留出空隙。

常见的特殊形状花材植物有鹤望兰（*Strelitzia reginae*）、鸢尾（*Iris tectorum*）、花烛（*Anthurium andraeanum*）、蝎尾蕉（*Heliconia metallica*）、嘉兰（*Gloriosa Superba*）等植物，具体简介可扫描二维码查看。

常见的特殊形状花材植物简介

2.3.2.4 散状花材

散状花材分枝较多且花朵细小，整体效果如同云雾、轻纱，常插在主要花材的空隙中，起到填充、烘托、陪衬的作用，可增加作品的朦胧感、层次感。如母菊、中国石竹、一枝黄花、荷兰菊、满天星、珍珠梅、补血草类等都是著名的散状花材。它们常插在主要花材的表面或空隙中，可增加各花材间隙的层次感，填充花材间的空间，点缀和衬托各种花材的娇艳，加大花材色彩上的对比和反差。尤其是在婚礼用花中，是不可缺少的填充花材。

常见的散状花材植物有圆锥石头花（*Gypsophila paniculata*）、万寿菊（*Tagetes patula*）、不凋花（*Limonium sinuatum*）、文心兰（*Oncidium flexuosum*）、香雪兰（*Freesia refracta*）、繁枝补血草（*Limonium myrianthum*）、一枝黄花（*Solidago decurrens*）、日本石竹（*Dianthus japonicus*）等植物，具体简介可扫描二维码查看。

常见的散状花材植物简介

2.3.2.5 叶材

"鲜花必须绿叶扶"，鲜花只有在绿叶的衬托下才显得更加艳丽。所以，衬叶在插花中虽然起陪衬作用，却是插花中不可缺少的花材。多数叶材是绿色的，但也有灰白色或紫红色的衬叶，如雪叶莲的灰白叶、朱蕉的紫红叶等。在现代插花中，常将许多叶材修剪成各种形状，以满足构图的需要。有的叶材过大、过长，或形状呆板，缺少变化，也需进行修剪和加工造型，如折、弯、卷、揉、剪、刻裂等。

常见的叶材植物有肾蕨（*Nephrolepis cordifolia*）、骨碎补（*Davallia trichomanoides*）、石松（*Lycopodium japonicum*）、八角金盘（*Fatsia japonica*）、一叶兰（*Aspidistra elatior*）、香龙血树（*Dracaena fragrans*）、变叶木（*Codiaeum variegatum*）、龟背竹（*Monstera deliciosa*）、棕榈（*Trachycarpus fortunei*）、蓬莱松（*Asparagus retrofractus*）等植物，具体简介可扫描二维码查看。

常见的叶材植物简介

2.3.2.6 木本枝条

木本枝条在插花中主要起框架和勾勒线条的作用，如红瑞木、龙爪柳、石榴、梅花、竹子等，可以根据季节选择不同的木本枝条。中国传统插花大量运用木本枝条进行框架构图，使作品既具有自然美又具有线条美。

常见的木本枝条植物有南天竹（*Nandina domestica*）、蜡梅（*Chimonanthus praecox*）、梅（*Prunus mume*）、榆叶梅（*Amygdalus triloba*）、珍珠梅（*Sorbaria sorbifolia*）、绣线菊（*Spiraea salicifolia*）、紫荆（*Cercis chinensis*）、紫玉兰（*Yulania liliiflora*）等植物，具体简介可扫描二维码查看。

常见的木本枝条花材植物简介

■ 2.3.3　不同类别切花的一般应用

　　要插制一件插花花艺作品，可以事先准备4种类型的花材，首先是骨架花，勾勒出所需造型的轮廓，一般选用线条花，如唐菖蒲、蛇鞭菊、大花飞燕草、金鱼草等，也可以选用木本枝条，如雪柳、榆叶梅、熊猫竹等；然后是焦点花，主要起点睛效果，应插制在显著位置，一般选用团状花，如菊花、大丽花、郁金香、非洲菊、百合、香石竹、牡丹、针垫花等，花大小应适中，但要艳丽，形状端正，枝叶茂盛，形态均匀；接着是补充花，起配角和补充的作用，一般选用散状花，如霞草（满天星）、补血草（情人草）、波状补血草（勿忘我）、多头香石竹、多头月季等；最后是叶材，用以陪衬花朵，起到丰满构图、加大景深的作用，如肾蕨、武竹、蓬莱松、石松等。插花时要求色彩和谐，构图上均衡稳定、协调统一，造型上疏密有致、虚实结合等，给人以艺术的熏陶和美的享受。不同类型花材的一般应用如图2-3-1所示。

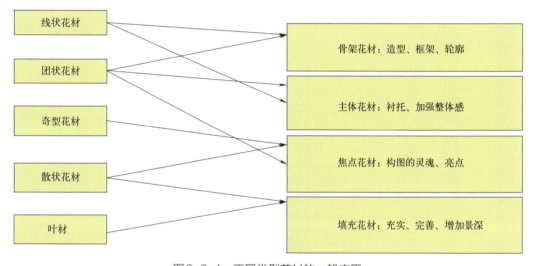

图2-3-1　不同类型花材的一般应用

2.4 · 西方式风格插花艺术

■ 2.4.1　西方式插花艺术发展史简介

　　西方式插花艺术源于古埃及，历史悠久。据记载，古埃及人很早就有将睡莲花插在瓶、碗里作装饰品、礼品或丧葬品的习俗。随着文化的传播，插花艺术先后传到古希腊、古罗马、比利时、荷兰、英国、法国等，并得以进一步发展。插花早期在欧洲流传，多作为宗教用花。

14～16世纪的欧洲文艺复兴运动，插花得以迅速发展。受西方艺术中几何审美观的影响，西方式插花形成了传统的几何形、图案式风格。这一时期的宫廷插花，多以口径较大的圆罐作容器，以草本花卉为主要花材，其造型简单规整，花朵匀称丰满，色彩艳丽，西方大堆头式插花风格初步形成。

17～18世纪，随着航海业的发展，各地花卉广泛交流，插花技艺得以传播，插花也成了各国画家绘画的创作素材。18～19世纪，欧美经济、文化艺术有了较大发展，插花艺术从而也得以普及，民间插花广为流行，并形成欢快、简朴的民间插花风格。

19世纪下半叶是西方家庭园艺和西方传统插花的黄金时期，用插花装饰餐桌及居室已成为文明风雅的生活艺术。西方式插花也逐渐走向理论化和系统化，呈现出以下特点：插花作品色彩浓烈，花材量大，以几何构图为主，严格要求对称和平衡，层次分明，有规律，表现出一定的节奏，以数学协调为主流，以人工美取胜，这使得传统欧洲式插法的特点得以最充分的体现。

第二次世界大战后，中国插花和日本花道传入欧美，推动了西方式插花艺术的发展，使之呈现出五彩缤纷的局面。此后，东方插花与传统西方式插花相互融合，形成了更具时代感、更具艺术魅力的现代西方式插花，也是目前流行的装饰型插花。同时自由式、抽象式及各种大型花艺更为盛行，更能表达当代人的欣赏品位和审美情趣。现在，在西方人的日常生活中，花已经成为不可缺少的一部分，在社交场合，鲜花都是传递友谊、表达高雅情感之物。

随着国际文化艺术交流的增多，东西方两种插花艺术风格也在相互渗透、相互融合，但二者又保持了各自的基本特点，而不断得以发展、创新。插花艺术正逐渐成为一种世界通用的语言，成为全世界人民共享的精神财富。

■ 2.4.2　西方式插花的风格与特点

由于东西方地理位置、民族习惯、风俗及哲理观念等的差异，东西方插花艺术也风格迥异。西方式传统插花艺术与西方建筑、雕塑、绘画等艺术形式有许多共通之处，如追求形式、秩序和比例上的美感。而西方人豪放的性格，以及"人是万物之首""宇宙要由人来主宰"和"将胜利留给自己"等哲理观念，反映在插花艺术上，则是不以花枝的自然线条美和意境情感为重，而强调理性和色彩，往往以抽象的艺术手法将大量的绚丽悦目的花材堆成各种图形，表现出几何美。西方的传统插花艺术以欧洲为代表，其特点如下（图2-4-1）：

① 选材注重外形和装饰，花材数量较多，结构紧密丰满。

② 配色浓重艳丽，以达到五彩缤纷、雍容华贵的艺术效果。

③ 造型以规则的几何形图案为主，讲究对称，如圆形、三角形、扇形、T形等，给人以端庄大方之感。

④ 插制方法以大堆头插法为主，整个插花作品是多个色块的组合，可呈现出绚丽多彩的热烈气氛，所以人们常把西方大堆头的插花称为块面式插花（图2-4-2）。

图2-4-1 西方式插花示例

图2-4-2 丰收

⑤ 西方式插花能强烈地营造出或欢快热烈，或庄严素雅的气氛，意在表现插花作品的人工美和图案美。

西方式插花艺术以色取胜，强调花材的色彩美，浓重艳丽的色彩，五彩缤纷，气氛热烈，给人以雍容华贵之感。因此，在花材的选择上，特别注重色彩的搭配，五彩缤纷而不杂乱。一件作品如果多色配合在一起，应有主色和配色，主次分明，使作品显得丰富多彩且能产生强烈的艺术魅力。

随着时代的发展，西方插花艺术也日益推陈出新，与时俱进。从创作题材、表现手法、构图造型及选材、配饰选择等方面有了更丰富的变化，造型上更加灵活多变，选材上更加自由广泛，既有线条美，又有色彩美，且装饰效果好，深受人们的喜爱，现已发展到对作品或场景的花艺设计。

■ 2.4.3 西方式插花的基本花型

西方式传统插花有对称式构图和不对称式构图。对称式构图有明显的中轴，轴线两侧的图形对应相等，外表丰满圆整，对称平衡，均匀，而内部结构紧密，以表现花材的群体色彩美及整体图案美。对称式构图有三角形、半球形、球形、塔形、流线形、圆形、扇形、倒 T 形、水平形、放射线形、对角线形、平行线形等；不对称式构图有 L 形、S 形、新月形、火炬形等。

① 三角形　三角形插花是西方式插花最普通的插法，为常见的单面观花形。三角形多为对称的等边三角形或等腰三角形。先插直立顶点花，垂直于花器；再插水平花，两支紧贴容器边缘呈180°开展，与顶点花成等边或等腰三角形；再在三角形中插配辅枝及补充花，完成构图。插作时须保持宽、深、高比例及花枝分布均匀平衡。常用于壁炉、大厅等室内陈设。

② 半球形　半球形插花呈半球形，比较规整，八面玲珑，是四面观花形（图2-4-3）。

注意垂直主花枝应高于底边直径的1/2，才似半球。插作时垂直花枝直立，水平花枝均匀配置，色彩搭配同色不相邻，边缘要圆滑，以突出半球状。半球形插花一般选用团块状花材，如菊花、花毛茛、香石竹等，整个半球形花枝高度、宽度和密度应均匀平衡。适用于餐桌、会议桌、茶几、冷餐台摆设，也是花束和新婚捧花常用的花形。

③ 球形　其外形轮廓为圆球形，对称，丰满，稳定，可四面观看（图2-4-4）。

图2-4-3　半球形

图2-4-4　球形

插作时选用圆形花材，艳丽的花朵插于中央部位。而上下左右均须配置相似的花朵，以保持构图的均衡。球形插花一般选用团块状花材，如菊花、香石竹、郁金香、花毛茛等。适用于窗台、大厅、服务台摆设及剪彩使用的花球。

④ 塔形　其外部轮廓下部较宽，上部较窄，犹如水塔一般，可四面观看（图2-4-5）。造型底部为三角形的尖高三棱锥，主花枝垂直，3枝，水平花枝前后左右四枝与垂直枝构成等圆锥体的轮廓，其余花枝的插作均不超过这一轮廓，使造型显得挺拔、洒脱。这种构图稳重，插作时下部的花朵较大，上部的花朵较小，空余部位用散状花补充。各花朵之间分布均匀自然，错落有致。适用于窗台、客厅、服务台摆设。

⑤ 火炬形（流线形）　火炬形插花的外部轮廓像点燃的火炬，严整挺拔（图2-4-6）。插作时多选用高长直立的花朵，艳丽的花枝，下部中心位置花朵较大，上部及左右花朵较小，形成火炬形构图画面。适用于书桌、客厅转角摆设。

图2-4-5　塔形　　　　　　　　　　　　　图2-4-6　火炬形

⑥ 圆形　圆形插花的外部轮廓像一个竖立的鸡蛋，这种造型优美端庄。插作时垂直花枝和四枝水平花枝呈 90°，垂直花枝直立不向任何一方倾斜，水平花枝贴容器边缘做 180° 展开，

图2-4-7　扇形

高度、宽度、长度均需平衡。中部较宽，两头渐窄，下部的花枝略向下倾斜，自然覆盖花器的边缘，形成一个竖直的鸡蛋形。可以封闭呈圆球，也可顶部开放，为开放式圆球。适用于客厅、壁炉、服务台摆设。

⑦ 扇形　其垂直花枝、水平花枝构成等半径半圆形（图 2-4-7）。插作时垂直花枝应比水平花枝稍长，视觉上才能有扇形插花的感觉。其构图简洁明快，扇形的外部轮廓像打开的折扇，单面观看，造型优美。插作时垂直花枝向后倾斜 15°，左右保持平衡。水平花枝贴花器边缘做 180° 展开。适用于会客室、服务台、壁炉、窗台、酒店摆设，也可用于一些大型的庆典活动。

⑧ L 形　L 形插花是西方常见的一种不对称的构图插花，构图形式活泼，有一种动态美（图 2-4-8）。造型为英文字母 L 形，是单面或双面观花型，因其表现形式与英文手写字体"L"字母相似而得名。在欧美住宅里绘有画像的壁炉上面经常可以看到曲线优美的 L 形插花。L 形插花是一根竖线与一根横线相连的造型，以竖线为主，竖线长于横线，竖线的长度应大于横线长度的 3/4，横线长度不得小于竖线长度的 1/2，按此比例就能够插出比较明显的"L"字形来。一般来讲，造型与字母相同，竖线在左，横线在右，需要时可将左右横线 L 形插花摆放在一块，形成对称构图，摆放在转角处效果也很好。插作时强调纵横线，纵横两交点处花枝不能太多，注意重心稳定及高、宽、深的平衡。横线不能过长，否则，重心将出现偏差，整个作品就会出现失衡。反之，横线过短，就会失去 L 形的特点。同时还要注意花材与花器的关系，如用小盆插花，则横线适当缩短点，要尽量做出优美的曲线。L 形插花适用于窗台、壁炉、转角等处摆设。

⑨ S 形　S 形插花运用英文 S 字母的美丽线条进行构图，其造型富有动感，是不对称构图中最优美的构图之一（图 2-4-9）。插作时宜选两支细长弯曲的花枝，分别插于容器的左上方和右下方，使其形成 S 形骨架，然后用小花顺着骨架配置，艳丽的花朵作焦点花，置于中心部位。S 形插花常用于大厅、窗台、壁炉等处摆设。

图2-4-8　L形

图2-4-9　S形

⑩ 倒 T 形　倒 T 形又称可可形，类似于三角形，但纵横花枝连线内的花枝要少且低（图 2-4-10）。为单面观花型，垂直花较高，稍向后倾。水平花枝贴容器边缘呈 180° 展开，可略向下倾斜，宽、高、深比例均衡。焦点花插于三线的交叉点上，其他部位用散状花陪衬。注意在垂直轴和水平轴两顶头处连线上不能有花，否则就成为三角形构图。适用于窗台、壁炉、茶几上摆设。

⑪ 新月形　新月形插花属不对称式构图，是单面观花型，其外部轮廓像半个月亮，清新典雅（图 2-4-11）。插作时按照半月形线条伸展，主枝在容器中分别向左上及右上抱合形成新月形，此构图轻巧、柔和。艳丽的花朵插于中心位置，两侧插小花或线状花。适用于转角、橱柜、书桌、茶几等处。

图2-4-10　倒T形

图2-4-11　新月形

⑫ 水平形　水平形插花的垂直花枝较低矮，水平花枝沿容器边缘向两侧呈 180° 伸展，可略向下，中心部位花朵较大且艳丽，两边的花朵逐渐变小（图 2-4-12）。一般两侧喜欢选用散

尾葵等叶材或线条花，水平插于容器两侧。适用于讲台、酒柜、餐桌、演讲台等摆设。

(a)

(b)

图2-4-12　水平形

⑬ 放射线形　其造型一般都呈立体放射的形状，由中心的一点向周围做放射线伸展，具有空间扩张性（图2-4-13）。花器宜选直立形并具有相当高度的，以与呈椭圆形伸展的花枝形成对比。假如是放在桌子上，矮的水盆也可以。在欧美国家，放射线形插花大多用于葬礼，也有用于门口、橱窗的空间装饰的。

⑭ 对角线形　对角线形是一种菱形的插花花型，花型的四个角斜向45°伸展，中心位置的花互相交叉搭配，整体端庄大方（图2-4-14）。与中心花相比，四周花朵小些，整个花型斜展流畅，流动着菱形的优美线条。适用于客厅、窗台摆设。

图2-4-13　放射线形

图2-4-14　对角线形

⑮ 平行形　平行形插花又称欧洲式插花，是西方20世纪80年代出现的一种新的插花构图，称为平行式或欧洲式构图，可以单面或者四面观看（图2-4-15）。这种插花一般选用直立的线条，花材常选用一枝黄、蛇鞭菊、千屈菜、剑兰、唐菖蒲等。平行形插花将直立竖向线条分成几个组，组织在一起，也可以自然协调地搭配，还可以按大小、高矮组合搭配，形成对比。总体景观是上部、下部较密实，中间较疏空，基部有的用块状花材或衬叶遮挡。此花型有较强的装饰性，可置于窗台前、长形餐桌上、酒柜或壁炉等处。

■ 2.4.4 西方式插花制作材料

要插制一件西方式插花作品，需准备四种类型的花材（图2-4-16）。

图2-4-15 平行形　　　　　图2-4-16 西方式插花的4种花材

① 骨架花 用于勾勒所需造型的轮廓。一般选用线条花，如唐菖蒲、蛇鞭菊、大花飞燕草、金鱼草等。

② 焦点花 主要起装饰效果，宜插在显著位置。焦点花，一般选用团状花，如菊花、大丽花、郁金香、非洲菊、百合、香石竹等，花大小应适中，要艳丽，形状端正，枝叶茂盛，形态均匀。

③ 补充花 起配角和补充的作用，一般选用散状花，如霞草（满天星）、补血草（情人草）、大花补血草（勿忘我）、多头香石竹、多头月季等。

④ 叶材 用以陪衬花朵，起到丰满构图的作用，如肾蕨、武竹、蓬莱松、石松等。插花时还要求色彩和谐，花果分布均匀、对称，以体现花卉的色彩美、图案美、群体美及装饰美。

■ 2.4.5 西方式插花的表现技巧

（1）几何图形表现技法

西方式插花注重图案，造型均匀、稳重。它不以具体事物为依据，也不受植物生长规律的约束，只将花材作为造型要素的点、线、面及颜色因素进行造型，是纯装饰性插花。其强调理性、量感、美感和色彩，将大量的色彩丰富的花材堆成各种几何图形，表现人工的数理美。西方式插花图案的形状有三角形、椭圆形、对角线形、S形、扇形、球面形、塔形、新月形、L形、倒T形、放射形、水平形等，也可以由几个图形合为一体，呈混合形或不规则图形。无论哪种花型，均有一较明显的轴线，尽管采用成簇的插法，但杂而不乱，浑然一体，花枝与花枝之间、衬叶与衬叶之间层次分明，有深度，有节奏，可体现出图案美。作品常表现出热情奔放、雍容华贵、端庄典雅的风格。

西方插花用花材量多，整个造型紧凑丰富，绚丽悦目。外形轮廓由最外围花的顶点组成，这些顶点连线所呈现的形状就是作品的花形轮廓，插花时各个花枝不能伸出其轮廓线。整个外形轮廓清晰，立体感强。西方式插花的外形轮廓所呈现出来的形状是立体的，如塔形插花，实质上是一个三角锥体；又如球面形插花，实质上就是一个半球形，是一个立体的半球。

图2-4-17　色彩艳丽的花环

（2）色彩表现技法

西方人插花注重花材的色彩，用花多选绚丽悦目、五彩斑斓的花卉，如郁金香、百合、红掌、菊花、唐菖蒲等，较少用木本花卉，无论哪种造型都是以色取胜，用大量不同颜色、不同质感的花组合而成。一般选用协调色和对比色进行组合，如紫色配粉红、橙色配大红、黄色配绿色、紫色配黄色等（图2-4-17）。

（3）线条与色彩结合的表现技法

随着国际文化的交流日益加强，国际交流增多，人民的生活水平提高，对文化艺术的需求更加迫切，插花艺术受到各方面的影响和启示，渐渐地突破了原来传统风格，形成了许多现代的插花形式和表现手法。

现代西方式插花可以说是东西方插花艺术的结合体，它既结合了东方式插花以线条美为重和西方式插花重色彩和几何图形的运用，也渗入了东方式插花技法（减少花朵数量，留出空间，并插入优美的线条造型），因此现代西方式插花的构图讲究装饰、造型，注重大块而且艳丽的色彩和群体艺术效果，形成了自然美和人工美和谐统一，作品清新活泼，具有很强的装饰效果（图2-4-18）。

图2-4-18　烛台的线形妙用

2.5·中式装饰风格花艺

中国插花艺术历史悠久，文字记载的以容器插花最早见于南北朝时期，距今约有1500年的历史。在插花艺术的发展过程中，受中华民族的文化意识与审美观影响，形成了师法自然、追求意趣、强调线条之美的特点。中国人对花木之美的品位、固有文化意识与审美情趣都体现在中国插花艺术之中。

中国插花强调花的自然美、花与器的协调美、作品与环境的融合美。中国传统插花以大自然植物为蓝本，在插花中也力求模仿花枝自然的状态，体现了中国插花独特的自然气息。中国插花将花器视为插花作品的一部分，所以在插作中也充分考虑花器的形态与色彩。中国传统插花在民间、宫廷与文人间广泛传播，其目的在于装饰空间环境，因此作品完成后要考虑其与环境的融合性（图2-5-1～图2-5-3）。

图2-5-1　宫廷插花　　　　图2-5-2　民间插花　　　　图2-5-3　文人插花

▪ 2.5.1　中国传统插花艺术风格特点

中国传统插花艺术是中华优秀传统文化的重要组成部分，因"天人合一"的创作指导思想而呈现效法天地的自然美，因"以花比德，以人比花"而呈现以花言志的人文美，因强调花艺作品的整体性而呈现出花器一体的协调美。

（1）效法天地的自然美

受"天人合一""师法自然"等中国传统思想的影响，中国传统插花崇尚天然的生态美，认为自然是一切美的源泉，自然是一切艺术的范本。中国传统插花在创作中选用花材、修剪整理花材到组合造型都遵循花材的自然生态习性，以达到"虽由人作，宛自天开"的目的。

中国传统插花者对于花的概念与西方不同。在西方式插花中，花就是植物花朵本身，而在中国插花者的眼中，花不仅仅是"花朵"，枝条、叶子、果实、根干也是花，都是中国传统插花的材料。因此，中国传统插花者善用木本花材，借以表现丰富多彩的、优美的线条变化与组合，传递丰富的情感，表现植物自然的形态。

图2-5-4　盘花：盛夏

但中国传统插花也不是单纯地模仿自然、刻画自然，而是在观察大自然的过程中，寻求自然美的规律，凭借物质形态以表现自然（图2-5-4）。这与西方现代花艺注重表现人工美、技巧美的创作风格是截然不同的。

（2）以花言志的人文美

中国人对花木的认识和欣赏别具一格，认为花是有灵性的，有其内在的气质和品格，所以国人常以人的感情世界去观照花木世界，以花言志，赋予花木人格的内涵。

古人对花木有等级之分。古代文人雅士按人类社会的等级标准将花木分出高低等级。如五代蜀汉的张翊著《花经》，把七十一种花按花品高下以九品九命排列；明代袁宏道的《瓶史》中认同张翊的说法，不但花的种类等级森严，即便是同一种类的花木，因着品种不同，也有了高低贵贱之分。古人对花，以美的标准，把人类森严的等级制度适用到了自然物身上，虽然带有极强的主观意识，但从另一个角度来说，是赋予了花木人格内涵。

古人认为花木有品德。如莲出淤泥而不染，喻君子廉洁处世；牡丹花大色艳，常喻指人有富贵之相；梅花凌冬傲雪开放，"凌落成泥碾作尘，只有香如故"，比喻君子的坚贞不屈；兰花处幽谷不以无人而不芳，比喻君子达观的处世态度。以上即是把人类的道德标准投射到花木之上，进而以花比德，隐性表达人类社会的道德标准。

以花比德，以人比花，观花思德，见花思人，人的品德与花木的品性合而为一，万物一体。精神层面的文化内涵通过花木来抒发，这就是中国人对花木之美的特殊品位（图2-5-5）。

图2-5-5　瓶花：秋气高

（3）花器一体的协调美

中国传统插花艺术在漫长的发展过程中，以生活中的器具如瓶、盘、缸、碗、筒、篮等为插花容器，在人们的心目中，它们已不再是简单的装水以养花的贮水器，而是有了重要的象征意义：一种是把花器象征为万物赖以生长的"大地"，一种是把花器比拟为养护花木的"精舍"或"金屋"。花器与花枝完美结合，幻化成一体，协调统一。

中国传统插花中，花枝离不开花器，花器是花枝的根基，花器也离不开花枝，是花枝赋予花器生机与活力（图2-5-6）。例如用盘器插花，盘器在插水景时小之可以视为池塘，大之可以视为江河；在插旱景时，可以视为一望无际的平芜，也可视为茫茫无边的原野。在插造型花时，可以视盘器为人生的舞台，可以视之为广袤的宇宙。或视花器为池沼，或为大地，或为人生，全赖插花者的艺术构思，可谓"运用之妙，存乎一心"。

2.5.2 传统插花艺术创作理念与法则

中国传统插花首要表现的是自然美，插花作品要模仿自然的植物形态，还原每一枝花材在自然中本来的样子。同时，创作者以自然为范本，抽象出植物形态之美的规律，以植物材料来表达创作者对美学规律的认知，借以展示插作者的创造力。掌握植物形态美的规律是插作的要点。

图2-5-6　造型瓶花：向天涯

（1）上散下聚的姿态

中国传统插花以植物自然形态为范本，因此花艺作品要立足大地，花枝向宇宙伸展，在创作中注重"点"状立足。如清沈复在《浮生六记》中所言："自五七花至三四十花，必于瓶口中一丛怒起，以不散漫、不挤轧、不靠瓶口为妙，所谓'起把宜紧也'"。因此，用剑山固定花枝时，要求花枝的枝脚要收紧、聚拢，用"撒"固定花枝时，花枝要成把，花枝向上、向四周伸展，即如同从大地上生长出来的一株植物的样子（图2-5-7～图2-5-9）。中国传统插花并不仅仅是案头清供的小型作品，通过多个立足点的设计与组合，同样可以创作中大型花艺作品。

图2-5-7　瓶花"起把宜紧"

图2-5-8　碗花枝脚收紧

图2-5-9　盘花上散下聚

（2）强调自然与寓意的选材规范

中国传统插花以植物材料展现季节的变换，根据本地花材创作出展现当前季节的花艺作品。如早春的玉兰、梅花，夏季的石榴、荷花，秋季的桂花、菊花，冬季的蜡梅、山茶。但中国幅员辽阔，南北气温差异较大，随着物流业的发展、设施栽培技术的提高，不同季节的花卉可以在同一时期内开放，花材的使用也不再局限于某一个季节，极大提高了插花艺术的表现力。

中国传统插花强调植物材料的线条美。在中国艺术中，优美的线条是表达作者思想和情感的主要手段，特别体现在绘画与书法作品中。线条状的植物材料如同绘画中的线条，在传统花艺作品中使用最频繁，曲折多姿者最得中国传统插花艺术的青睐。可以说线条美是中国传统插花艺术美的灵魂。创作中国传统插花作品或是创作体现中式插花艺术风格的作品时，要以线条状的花材为主。

中国传统插花以比拟手法表现安宁、祥和的美好寓意，所以花材选择多以百合、牡丹、

图2-5-10　针垫花应用在篮花作品中

芍药、月季等花材作为作品中的焦点花。当下，也有更多的花卉种类在中国传统插花作品中应用，如鹤望兰、郁金香、帝王花、针垫花等，只要应用得当，也同样有中式插花的韵味，要大胆创新使用（图2-5-10）。

（3）三主枝的基本结构

植物在自然界中是向四面八方生长的，中国传统插花中，为体现花艺作品的立体空间美，多以三主枝来架构作品的空间，三主枝中，最长者称第一主枝，次者为第二主枝，最短者称为第三主枝或称主花。

第一主枝是作品中最长的一枝，表现作品的基本形态。第一主枝的形态决定了作品的姿态，第一主枝直立时，作品表现和平、肃穆、端庄；倾斜时，较灵巧、活泼；倾斜度较大时，表达的动势更加明确。第二主枝的长度介于第一主枝和第三主枝之间，第二主枝一般倾斜45°，在打开作品的立体空间上起决定作用。第二主枝与使枝在结构上呼应，互为表里，使作品更圆融、更丰满。第三主枝是一件作品的重心，主枝花头大，以杰出的花容、花色以及格调最高者为主，如菊花、芍药等，是作品整体灵魂之所在。花与花器在色相上要有对比，或是在明暗上要有变化，但是色彩整体要调和。

除了三主枝之外，另有从枝，从枝在作品造型结构上用于弥补各主枝的缺憾，或是提高色彩的丰富度，或是补充结构的缺陷，但从枝不能喧宾夺主，其枝长短不一，但多比主枝短小。

一件插花作品中，三主枝不一定完全具备。有的可以是第一、第二、第三主枝全都有，也可以是第一主枝与第三主枝的组合，或是第二主枝与第三主枝的组合，甚至是第三主枝与从枝的组合（图2-5-11～图2-5-13）。总之，三主枝组合灵活多样，没有严格的规定。但一般情况下，一个作品中要有第三主枝，即主花，因为"凡花必有主，无主不成花"。

（4）比例

中国插花作品中的主枝的比例关系为：第一枝∶第二枝∶第三枝（主花）=7∶5∶3，它们之间的比值关系与黄金比例的比值相近，可见人类在比例关系上的审美要求基本是一致的。每种花器不同，比例量法也不同（图2-5-14）。如在瓶花中，瓶的高度与瓶口直径的和为5，

图2-5-11　碗花：三主枝皆备

图2-5-12　碗花：第一主枝
与第三主枝组合

图2-5-13　碗花：第三主枝与
从枝组合

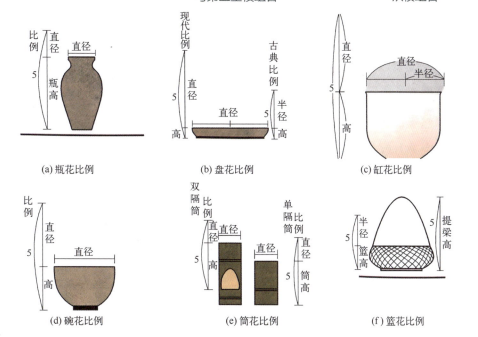

(a) 瓶花比例　　　(b) 盘花比例　　　(c) 缸花比例

(d) 碗花比例　　　(e) 筒花比例　　　(f) 篮花比例

图2-5-14　比例

在盘花中，则以水盘的高度与水盘直径的和为5，而在筒花中，则以从竹筒开光处到筒顶端高度与筒直径的和为5。花材的比例关系不是一个一成不变的数值，除注意其长短外，也应考虑其质量。如果枝条很粗壮，则可以严格按照比例量法确定长度，或是稍微缩短，而如果花材很细弱，则可以适当增加花材的长度，来增强它的体量，以达到视觉上与心理上的比例平衡。

■ 2.5.3　中国传统插花的基本花型

中国传统插花作品以植物自然生态为范本，根据植物在自然界中的姿态，总结抽象出了直立式、倾斜式、水平式、下垂式四种基本花型。

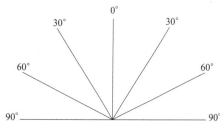

图2-5-15　第一主枝的倾斜角度

我们在观察一棵树的整体形态时，可以看到，以树木的主干为轴，主枝自上而下与主干的夹角不断增大，高处的枝条与主干夹角小，越往下夹角越大，接近地面处的夹角大于90°，形成下垂的姿态。

一件作品，以最长的第一主枝的倾斜角度来决定作品的形态（图2-5-15）。倾斜角度在0°～30°之间的，称为直立式；在30°～60°之间的，称为倾斜式；在60°～90°之间的，称为水平式；大于90°的，枝条低于花器边缘，则称为下垂式。

花型是为了便于理解中国传统插花而设计的载体，是练习的一种手段，而不是中国传统插花的全部。如图2-5-16所示为盘花四式。

(a) 盘花直立式

(b) 盘花倾斜式

(c) 盘花水平式

(d) 盘花下垂式

图2-5-16　盘花四式

■ 2.5.4　中式六大器型花

中国传统插花花器种类繁多，大体可总结为瓶、盘、缸、碗、筒、篮六大类，每一种花器都有其造型特色，因此在用其插作时有独特的用法，插作完成的作品艺术美感也各具特色。

瓶花约起源于南齐而大盛于明代，用瓶作为花器成为明代插花的代表形式，有《瓶史》《瓶花谱》等瓶花专著问世。瓶花可插作形体高挑之作品，可象征宗庙高堂或崇山峻岭，作品庄严肃穆；也可插作小品花，枝条柔畅，有清雅之姿。瓶花的固定以"撒"技法为正宗，也是中国传统插花特色之一。

盘花可见于两千年前的汉代，在陶盆内安置陶树、陶楼或陶鸭，以此展现大自然无限生机。这一观念到了六朝时期就与佛教供花相结合，自此盘成为插花重要的器皿。至唐代出现"春盘"，人们将盘盂当作大地，描写自然风景。盘花的特色是盘器较浅，水面较宽广，表现水面与水岸的对比是其特色。

缸花可见于九世纪的唐代而盛于明、清之间。缸形矮胖，腹部硕大，可容纳更多花材，方便花材矗立，是介于瓶与盘之间的花器。缸口大，腹大，花材宜多，花头宜大，如牡丹花、菊花、仙丹花、荷花、绣球之类。花材能表现块状与枝条对比之美，随时强调"体与面"的效果，插作时腾出缸口三分之一，以能看到缸的内壁及水面空间为佳。

碗花可见于十世纪的前蜀而盛于宋、明两代。因碗底渐渐尖深，因此立足点集中。典型的碗花枝脚紧敛，端庄豪华，适合于隆重正式场合及日常生活中。碗花强调哲理及秩序，体形八方圆满，枝脚整齐，俨若一株，呈现宇宙自然景观。

筒花可见于公元第十世纪五代时期李煜作品，而盛行于北宋。筒花适宜表现婉约的姿态，宜取花材枝条优美曲折、花色雅致、朴实者。筒花用撒固定，使枝脚紧凑，突出其婉约之态。

以篮插花可追溯到唐代佛教供花的花"筥"，后为方便携带，故加提梁，可用手提的篮花盛行于宋代。花篮多以竹、藤编结成样式，也有花式素雅简单的篮子，适合插文人花，作品高疏隐逸，有清雅之美。

六大类花器的造型各具特色（图2-5-17），用它们插作出来的作品各具风格。

(a) 瓶花   (b) 盘花   (c) 缸花

(d) 碗花   (e) 筒花   (f) 篮花

图2-5-17　六大器型花

2.6 · 家庭花艺

现代居家生活中，通过高超的花艺技艺再现植物美与生活美，帮助人们装扮生活环境、提升艺术氛围、陶冶情操成为花艺匠人的重要任务。

■ 2.6.1 家庭餐桌花设计与制作

2.6.1.1 家庭餐桌花

家庭餐桌花是家庭花艺中较为常见的形式，同时又是家庭花艺创作必不可少的重要组成部分。家庭餐桌花的设计与制作要依据家庭整体环境及空间综合考虑，好的餐桌花不仅可以提升家庭整体氛围，更应该与家庭风格协调一致。餐桌花设计分为如下几步：首先，根据家庭风格确定花型，根据环境确定作品色调，拟定备选花材。其次，确定作品尺寸，尺寸应根据餐桌大小确定，不宜过大过高，不应使餐桌显得局促而狭窄，同时也不应影响就餐者视线。因此，餐桌花常用花型以水平形和半球形居多，也可以根据主题设计制作其他造型。最后，根据尺寸和花型确定合适花材插制作品。在这里特别强调，餐桌花的作用不仅可供用餐时使用，也可以根据节日和家庭特殊需求设计（图2-6-1～图2-6-4）。

图2-6-1 半球形餐桌花

图2-6-2 水平形餐桌花

图2-6-3 室外家庭聚餐餐桌花

图2-6-4 万圣节主题餐桌花

餐桌花不宜选择气味明显的花材，在设计时应重点突出餐桌花的观感效果，弱化味觉感受，以给就餐者带来更好的就餐体验。常见的餐桌花花材有月季、香石竹、绣球花、蝴蝶兰、芍药、茉莉花、栀子花、满天星、澳洲蜡梅、火龙珠等。为了使作品更富有艺术感，可以辅以其他饰品加以装饰，如桌布、餐巾、餐具、艺术摆件、蜡烛等，通过饰品的结合可进一步突出餐桌花的艺术效果，让餐桌变得富有情趣，同时营造温馨舒适的就餐氛围（图2-6-5、图2-6-6）。

图2-6-5　黄蓝对比色系家庭餐桌花

图2-6-6　暖色系家庭餐桌花

2.6.1.2　家庭餐桌花的常见花型

家庭餐桌花是家庭花艺中重要的组成部分，可以渲染整个餐厅的氛围，除了考虑花材与色彩搭配外，还要考虑整体装修风格特点，因此家庭餐桌花可以从以下几方面着手。首先要了解居室装修风格、主题、就餐人群等；其次要确定设计风格，确定花材、整体色调、容器、配件等。常见家庭餐桌花造型有以下几种：

（1）半球形餐桌花

见图2-6-7。

图2-6-7　半球形家庭餐桌花

（2）花环餐桌花

见图 2-6-8。

图2-6-8　花环式家庭餐桌花

（3）水平形餐桌花

见图 2-6-9。

图2-6-9　水平形家庭餐桌花

（4）瓶插餐桌花

见图 2-6-10。

图2-6-10　瓶插家庭餐桌花

■ 2.6.2　家庭茶几花设计与制作

2.6.2.1　家庭茶几花

　　茶几一般位于居室的中心位置，也是家庭中人气最旺的地方，在茶几上摆一个花艺作品不仅能够使人赏心悦目，更可以让家庭充满生机。茶几花是家庭花艺中点缀客厅环境不可或缺的重要组成部分，茶几花可以根据布置的环境风格、色彩、茶几大小进行创作。比如室内陈设如果是西方式格调的，可以选择插制西方式或自由式茶几花作品；若是中式古典风格的家居陈设，则可考虑插制东方式茶几花作品。茶几花一般选用色彩明快大方、自然典雅的花卉，能够表达对客人的欢迎和诚意。按常规，客厅茶几花一般为四面观作品，茶几花高度不超过80cm，也可根据季节和不同主题需求进行设计（图2-6-11～图2-6-18）。

图2-6-11　花篮式茶几花

图2-6-12　瓶插式茶几花

图2-6-13　春节茶几花

图2-6-14　春季花材茶几花

图2-6-15　家庭甜品台茶几花

图2-6-16　家庭茶几花（一）

图2-6-17　家庭茶几花（二）

图2-6-18　家庭茶几花（三）

　　家庭茶几花常见花材有月季、芍药、郁金香、花毛茛、百合、香石竹、跳舞兰、蝴蝶兰、龙胆、六初百合、多头小蔷薇等。常见叶材有栀子叶、橘叶、高山羊齿、肾蕨、尤加利叶、春兰叶、南天竹、红瑞木等。

2.6.2.2　家庭茶几花的造型

（1）长方形客厅茶几花

　　长方形客厅茶几一般在沙发中间，电视前面，所以要求作品高度不宜过高，一般不高于30cm，以不遮挡视线为宜，作品大小要考虑茶几的作用，不宜太大（图2-6-19）。

图2-6-19　长方形客厅茶几花

（2）开放式客厅茶几花

　　开放式客厅茶几花可根据客厅风格、色彩或季节进行插制，一般不受限制（图2-6-20）。

图2-6-20　开放式客厅茶几花

■ 2.6.3 家庭节日花篮设计与制作

2.6.3.1 家庭节日花篮

花篮是社交与礼仪场合最常用的花艺装饰形式之一，具有端庄大方、风韵高雅、瑰丽多彩的特点。花篮的造型有提梁，便于携带，可用于开业、庆典、会议、生日、婚礼、葬礼等场合，既能营造不同场合的氛围，又具有美化装饰的效果，同时还能表达赠送者的情意（图2-6-21～图2-6-25）。常见的节日花篮有单面观、四面观和落地花篮三种插制形式。

图2-6-21　家庭茶几花篮

图2-6-22　居家节日观赏花篮

图2-6-23　访友花篮　　　　　图2-6-24　清明节花篮

图2-6-25　庆典落地花篮

节日花篮花材品种多样（图2-6-26），常见花材有百合、月季、香石竹、菊花、剑兰、天堂鸟、蝴蝶兰、红掌、跳舞兰、满天星、洋甘菊、龙胆、非洲菊、马蹄莲、金鱼草、紫罗兰、蔷薇、飞燕草、绣球花等。常见叶材有栀子叶、高山羊齿、尤加利叶、肾蕨、龟背叶、巴西叶、八角金盘、散尾葵、鱼尾葵、喷泉草等。

| (a) 月季 | (b) 飞燕草 | (c) 绣球 |
| (d) 火鹤花 | (e) 满天星 | (f) 龟背叶 |

图2-6-26　节日花篮常见花材

2.6.3.2　节日花篮的造型

（1）庆典花篮

庆典花篮用于各种喜庆场合，如开业典礼、生日宴会、婚礼宴会等。庆典花篮可依据用途分为手提花篮和落地花篮两种形式（图2-6-27、图2-6-28）。手提花篮尺寸多样，有圆形、椭圆形、方形等形状，插制手提花篮应根据庆典主题、环境色彩、节日、花语等选择适宜的花材。庆典落地花篮一般体量较大，常用规格为1.5～2.5m落地式大花篮，庆典落地花篮端庄大方，应根据庆典环境及色彩需求选择适宜的花材。

图2-6-27　庆典手提花篮示例

图2-6-28　庆典落地花篮示例

（2）访友花篮

访友时送年轻人的花篮可根据个人喜好选择不同种类的花材，色彩也可丰富多样，能够表达主题即可。送给长辈的花篮一般选择隆重热烈的花材，以表达对长辈的尊敬与敬爱之情。同时，需要考虑花材的寓意及花文化，适宜选择香石竹、月季、绣球、天堂鸟、百合、龙胆、洋甘菊、火鹤花、马蹄莲、金鱼草、紫罗兰等花材（图2-6-29）。

（3）悼念花篮

悼念花篮用于追悼亲人，按中国人的习俗宜选用冷色调，花材可选用黄菊、百合、马蹄莲、勿忘我、龙胆、青松、翠柏、万年青等或逝者生前喜爱的花材。古人云"宁可抱香枝上老、不随黄叶舞秋风"，菊花被国人赋予了坚贞不屈的民族气节，清明时节也常用黄白两色的菊花进行扫墓，以表达对逝者的哀思之情（图2-6-30）。

图2-6-29　访友花篮

图2-6-30　悼念花篮

插制悼念主题花篮要根据缅怀祖先、弘扬孝道亲情的主题选择花材。常见的花材有菊花、月季、百合、天堂鸟、万年青、侧柏等。

（4）居家节日观赏花篮

居家节日观赏花篮是一种具有个性化的装饰品，可以根据作者的创意和想表现的意趣来决定花型，没有模式化的规定，可自由发挥，插制成多种形式。观赏花篮的造型，讲究形、色、意、韵，即重在创意、技巧、神韵和艺术欣赏，多用于居家环境装饰（图2-6-31）。常见花材有月季、百合、香石竹、龙胆、火鹤花、澳洲蜡梅、飞燕草、蓝星花、金锤花、大丽花等。

图2-6-31　居家观赏花篮

■ 2.6.4　家庭节日花礼盒设计与制作

2.6.4.1　家庭节日花礼盒

花礼盒与花束、花篮相同，同样是家庭花艺中常见的形式之一。花盒利于鲜花的保鲜，能够延长鲜花的生命，同时也具有神秘的美感，能够带给人惊喜。除了早期的传统花礼盒，更多的花艺技法和色彩应用在现代花礼盒中。制作花礼盒时可以结合现代花艺中常见的铺陈法、组群法、阶梯法、阴影法、架构法等制作。可根据个人喜好在花盒内放置玩偶、水果、食品等物件，以表达花礼盒的主题，也可根据不同的节日主题来制作花礼盒（图2-6-32～图2-6-34）。

图2-6-32　情人节花礼盒　　　　　　图2-6-33　咖啡花礼盒

图2-6-34 洋酒花礼盒

　　家庭节日花礼盒常见花材有月季、香石竹、龙胆、绣球花、满天星、母菊、多头蔷薇、洋甘菊、澳洲蜡梅、花毛茛、火龙珠、蝴蝶兰、马蹄莲等。常见的叶材有栀子叶、尤加利叶、蓬莱松等。

2.6.4.2　节日花礼盒常见造型

（1）方形花礼盒

　　方形花礼盒是花盒中最为古典、最为传统的一种，早在几千年前古埃及人建造金字塔开始，方形便渐渐融入日常生活，直到今天，方形依然是和人类文明最有互动的造型之一。方形花盒，可以充分利用规矩的几何空间，创作者可在一个平面上最大限度地发挥自己的创造灵感，制作的花礼盒作品具有规律性和秩序性，能够给人带来古典与现代并存的庄重感与仪式感（图2-6-35、图2-6-36）。

图2-6-35　方形中秋节花礼盒

图2-6-36　其他方形花礼盒

（2）圆形花礼盒

圆形花礼盒能够给人带来自然、美妙与浑然天成的亲切感（图2-6-37）。

图2-6-37　圆形花礼盒

（3）心形花礼盒

　　心形花礼盒能够带给人们温暖的眷存感，同时心形花礼盒也是爱情的象征，被赋予了爱情的浪漫、亲情的眷恋（图2-6-38）。

图2-6-38　心形花礼盒

■ 2.6.5　家庭节庆花束设计与制作

2.6.5.1　家庭节庆花束

　　花束制作中花材的选择很重要，要灵活运用点、线、面才能够呈现花束的灵动与自然。常见花材有芍药、月季、百合、香石竹、马蹄莲、郁金香、非洲菊、母菊、洋甘菊、多头小蔷薇、绣球花、勿忘我、向日葵等，常见的叶材有栀子叶、尤加利叶、喷泉草、龟背叶、文竹、高山羊齿等。

　　包装纸同样也是节庆花束中不可或缺的一部分，包装纸的颜色要和花材搭配得相得益彰，既不可突兀也不可过分弱化。此外，包装纸的折叠方法要自然，以使整个花束看起来和谐。同时要注意不能因为过多地使用包装纸而破坏花材本身的美感，整个花束作品要以最好的状态呈现出来（图2-6-39）。

图2-6-39　节庆花束

2.6.5.2　节庆花束常见造型

节庆花束携带方便，美观大方，常见的花束造型有圆形、扇形、水平形、直立形、球形、放射形、火炬形、漏斗形等，也可通过架构进行花束的制作。

（1）圆形花束

圆形花束是一种密集型的花体组合，无论大小，花束顶面始终呈圆形凸起状态。理想展示形状是以高度半径形成半球，从上往下看更像一个球，花束呈现可爱、活泼的特点（图2-6-40）。

图2-6-40　圆形花束

（2）扇形花束

扇形花束是一种展面较大的造型，观赏的视觉冲击力较强。花束的展开角度应该大于60°，单面观赏，让所有的花都呈现在一个面来体现。一般来讲，后面的包装纸高于前面的花，能够展现出扇形端庄、大气的形态（图2-6-41）。

图2-6-41　扇形花束

（3）直立形花束

直立形花束，部分花材直立向上，采用花束制作最基本的螺旋式手法，也可配合花盒制作，礼盒花束具有携带与传递方便的优点，礼盒也是花束的第二次包装（图2-6-42）。

图2-6-42　直立形花束

（4）放射形花束

放射形花束是运用线状花材由花束聚合点向上及周围散射制成的。从侧面看与扇形外轮廓结构有相似的地方。从主体的角度看，造型与球形和半球形相似。造型既饱满又通透，既简约又富于变化，适合探亲访友或到他人居家拜访使用，这样的花束可直接放入花瓶中（图2-6-43）。

图2-6-43．放射形花束

（5）架构花束

架构是现代花艺的一种表现方式，其创造性进一步提示新的意义和新的形态。架构花束可以分成两个部分考虑：一是构架的处理，二是花材的配置，构架具有装饰和固花双重作用（图2-6-44）。

图2-6-44　架构花束

2.6.5.3　节庆花束常见包装

花束的包装材料很多，常见的有透明玻璃纸、瓦楞纸、牛皮纸、皱纹纸、云丝纸、棉纸、麻织布等。包装方法有三角形包装法、多边形包装法、网状形包装法、椭圆形包装法、半圆形包装法、长方形包装法、正方形包装法、扇形包装法等（图2-6-45）。

图2-6-45　花束包装形式

2.6.6　家庭茶席花设计与制作

2.6.6.1　家庭茶席花

家庭茶席花的设计，顾名思义，是先有茶室空间后有花，"茶"肯定是第一位的，不同的茶席搭配不同的花。谈到茶席我们不得不说茶花。早在宋代，插花、挂画、点茶、焚香就被列为"生活四艺"，与琴棋书画一起成为古代文人雅士的生活艺术，奠定了古代文人"琴棋书画诗酒花香茶"九大雅事的基础。当今社会越来越多的国人超越花卉的视觉享受，透过花品茶的真味，修养身心。

家庭茶席花一般置于茶席之上，它的存在要体现茶的精神和韵味。茶席花是花境所带来的，讲究花材自然美和形态美，同时也应能融合文雅与哲学之韵，一般来说家庭茶席花首选白色、黑色或青花瓷容器，也可以选择竹筒、铜瓶、陶器等。家庭茶席花花材选择要得体，不求繁多，能够体现意境和主题即可，常见花材有桃花、荷花、山茶、月季、龙胆、松、竹、梅、蜡梅、飞燕草、火鹤花、母菊、银芽柳、南天竹、栀子花、茉莉花等。家庭茶席花要与茶席整体风格协调统一，能够带给品茶人不同的意境感受（图2-6-46）。因此茶席花作品插制时要找到茶与花之间的关联，将花真正融入茶席和日常生活中。

图2-6-46　家庭茶席花

2.6.6.2　家庭茶席花常见花型

家庭茶席花重在借花传情，以花养心，抒发胸中逸气，应以朴素、清雅、疏朗为上，最宜取材自然花草，以饱含生机的植物，传递茶席主人一期一会的精神，展现对品茗空间艺术与自然节奏的观照。花材也以当月令的材料为主，花头、花色要与花器相称，气味不能太重。花型除了美观外，也要顾及茶人的操作方便性。家庭茶席花椐茶席桌面的大小决定花体的不同规格，可分为现代家庭茶席花（图2-6-46）和传统家庭茶席花（图2-6-47）两种形式。

设计家庭茶席花时应遵循以下几点：与茶品相结合，与茶具相通，与茶人相融，与茶文化相和，与茶境相亲。

图2-6-47　传统家庭茶席花

■ 本章思考题

（1）如何在插花中运用五大构图原理？

（2）如何在插花中运用六大造型法则？

（3）插花如何进行配色设计？

（4）插花的一般步骤是什么？

（5）如何进行花材搭配？

（6）插花如何命名？

（7）花材根据形状有哪些类别？常见的线状花材有哪些？各类花材如何应用？

（8）西方式插花的风格和特点是什么？

（9）西方式插花有哪些基本花型？

（10）西方式插花有哪些表现技巧？

（11）中式插花的艺术特征是什么？

（12）中式插花为什么强调线条美？如何体现线条美？

（13）中式插花中三大主枝的比例关系与黄金比例有何相似之处？

（14）中式插花的基本花型的分类依据是什么？

（15）试分析六大类花器插花作品的特点。

（16）家庭餐桌花常见花型有哪些？

（17）节庆花束常见造型有哪些？

第 3 章

压花艺术

3.1·压花花材的采集、压制与分类

■ 3.1.1 压花艺术简介

压花来源于英文 pressed flower，它是指利用物理或化学的方法，将新鲜植物处理成干燥的平面花材的过程。用来压花的植物材料统称为压花花材，不仅包括花朵，也包括植物的根、茎、叶、果、树皮等。花材的种类繁多，日常见到的切花、种植的盆栽、路边的野花野草，甚至瓜果蔬菜等都可以作为压花花材使用。

压花艺术是使用处理好的平面干燥花材作为创作原材料，利用其色彩、肌理、姿态等设计制作植物制品的新兴艺术门类。它很好地将植物学与艺术学结合起来，将植物短暂的美留在作品中，恰似保存了一段时光。大自然的一草一木皆可入画，每一件压花艺术作品都是独一无二的。

压花艺术最大的特点是源于自然，绿色环保，作品充满了生命力。压花具有很强的艺术性与趣味性，压花艺术作品既可以与其他专业美术作品一样参加各种艺术比赛，又可以非常生活化地走进家庭，老少咸宜，简单的几片花叶，就能制作出多姿多彩的压花作品。

在日常生活中，压花作品具有很强的装饰性和实用性，闲暇时光的压花手作，既能带来美的享受，又能让身心得到休息和放松，是很好的减压方式。

▪ 3.1.2 压花花材的选择与采集

3.1.2.1 压花花材的选择

压花花材对于压花创作来说至关重要，压花花材与一般植物标本的制作要求不同，处理及压制过程更加复杂，要求花材压制平整、造型良好、线条优美、色彩视觉效果较好。可用于压花的植物材料种类非常广泛，植物的根、茎、叶、花、果等均可作为压花材料，常见的蔬菜、水果等也可作为压花花材。花和叶在压花创作中利用率较高。

（1）花的选择

自然界中花色万千，影响花色的因素有很多，例如色素种类、色素含量、花朵开放程度等，为了获得较好的压制效果，一般选择色泽艳丽且容易保色的花来压制。通常金黄色、紫色、橘红色的花色易于压制和保色，淡粉、黄色、白色等颜色的花朵，较易褪色。但植物随着时间的流逝，发生褪色是自然现象，不同的色彩代表着不同时期的美。在压制同一种类的花朵时，可以选择多种颜色、多种姿态压制，以便丰富作品的层次，更好地展现其自然的姿态。

选择结构简单的花朵压制效果较好，例如美女樱、白晶菊、三色堇、角堇、飞燕草、绣线菊、绣球、波斯菊等；重瓣较多的花材可以选择拆单瓣压制，或者去除部分花瓣后整朵压制。花蕊较多的花材，可以将花蕊去除后单独压制，在作品制作中与花瓣组合在一起。如图 3-1-1 所示为不同花色的牡丹花瓣。

图3-1-1　不同花色的牡丹花瓣

不同花材的花瓣质地差异较大，通常花瓣含水量低，且花瓣具有一定韧性的材料更适宜压花，例如三色堇、美女樱、月季等。花朵质地薄透、柔软的材料，花朵质地厚实、含水量高的材料，不适合初学者压制，其压制难度较高，例如牵牛花、昙花、百合、红掌等。

（2）叶的选择

常见的植物叶片是各种深浅的绿色，有些植物在秋天会变红、变黄，变化的过程中呈现出多种色泽，例如乌桕叶、火炬树叶等。除了叶材色彩的选择，还可以搜集不同形态、不同大小的叶材，还可搜集有斑驳印记、虫食孔洞、叶脉突出的各类叶材（图 3-1-2）。

图3-1-2　多种叶材

（3）其他材料的选择

花和叶常作为压花作品的主材出现，为了丰富画面可以选择多种植物材料搭配，提高作品的视觉效果。除了花和叶，还可以压制植物的茎，尤其是一些柔软的藤蔓和卷须，这些具有自由曲线的植物材料能够让作品充满动感和生命力，例如丝瓜、黄瓜、葡萄等幼嫩柔软的茎。

常见水果和蔬菜经过处理也可以压制成植物材料，例如草莓、柠檬、猕猴桃、橙子、香蕉皮、哈密瓜皮、葡萄皮、秋葵、生菜、山药皮、茄子皮、红辣椒等。

部分树木的树皮也是极好的压花材料，例如白桦树皮、白千层树皮，可以用来制作作品中的树干、枝条、木制器皿等。

3.1.2.2　压花花材的采集

压花的植物材料来源主要是野生植物和人工栽培植物。

野生植物生长范围非常广泛，我国幅员辽阔，不同地区的植物种类也不相同，在高山、峡谷、溪流、丛林等中都有多种多样的植物可供采集。在城市中，只要留心观察，会发现操场边、墙根下、街头绿地的小路旁，或许生长着能够利用的植物材料。人工栽培的植物包括鲜切花、苗圃里的植物、家庭种植的各类植物材料等。

不论哪种植物来源，作为压花花材采集时，一定力求新鲜，要在植物状态较好的情况下进行处理并压制。一天之中适宜采集花材的时间为上午9：00～11：00。采摘时间过早，植物上带有露水或含水量较高，影响后续的压制效果。采摘后应及时压制，当采摘量较大时，可以将部分材料装进保鲜袋或保鲜盒放置在冰箱冷藏室内。

阴雨天、雨后或者烈日炎炎的天气都不适合户外采集植物材料，潮湿天气采集的植物材料需要将表面的水分处理掉，如果处理不当会影响压制效果。

在户外采集植物材料时应树立强烈的环境保护意识，不能集中大量采摘，以免对自然景观和生态平衡造成破坏。

■ 3.1.3　压花花材的压制

压花花材的压制是压花艺术创作的第一步，花材压制是否成功，压制质量高低，将会直接影响压花作品的艺术效果。花材压制最终要达到的效果是平整、干燥、色彩良好。随着工业发展，压花工具不断改进，越来越便捷，压制效果也越来越好。

3.1.3.1 压花花材的处理

采集花材后，压制前应进行处理，首先要将表面的水渍、尘土清理干净，晾干备用。

单瓣、重瓣较少或者小型花朵，可直接从基部剪下进行压制，例如美女樱、飞燕草、三色堇、龙船花、绣球（图3-1-3）等；重瓣较多的花朵，例如非洲菊、牡丹、芍药、康乃馨等，需要将花瓣拆下或者去除部分花瓣压制；花蕊较厚的花朵，例如非洲菊、微型向日葵、黑心菊等，可以使用牙签在花托基部扎一些小孔，利于脱水；质地较厚、含水量较高的花朵，例如百合、郁金香、蝴蝶兰等，可以在花瓣背后或基部，用细砂纸轻轻摩擦，造成表皮轻微创伤，便于脱水。

图3-1-3　不同品种的绣球花材

花蕾也是很好的压花材料，有些植物花蕾较厚实、紧密，例如月季花蕾、蔷薇花蕾等，在压制前需要用解剖刀将其一分为二，用镊子清除花蕊和部分花瓣之后再进行压制。

部分植物叶片压制前也需要处理，叶片背面叶脉较厚、凸起，例如绣球叶、梧桐叶、白杨叶等，需要用解剖刀切除凸起部分再压制。有些平行叶脉的叶片因气孔较少，脱水难，压制前需要用细砂纸摩擦叶片背面，例如郁金香叶、百合叶、鸢尾叶等。

水果和蔬菜在压制前也需要进行处理，例如切片、削皮、去除果肉等，材料部位不同，处理方法也不同。例如葡萄需要剥离较完整的果皮，香菇需要切薄片，草莓需要对半切开并去除内部果肉等。

3.1.3.2 压制工具及方法

目前常用的压花工具主要是微波压花器和干燥板压花器，家庭中也可以使用重物压制法和电熨斗压制法。

（1）微波压花法

微波压花法必须使用专用的微波压花器（图3-1-4），其包含两块带细孔的耐高温板、四

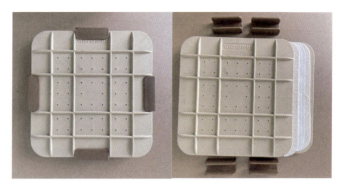

图 3-1-4　微波压花器

个卡扣、两块羊毛衬垫、两块衬布。

　　由下至上依次放置耐高温板、羊毛衬垫、衬布、吸水纸、植物材料、吸水纸、衬布、羊毛衬垫、耐高温板，之后用卡扣固定。放进微波炉后，调至中高火力（80% 火力或 P80），第一次加热时间设置为 40s，结束后打开压花器，花材平整干燥，证明已经完全干透，可以保存。如果发现花材未干透，可以重复以上操作，再次加热，时间设定为 20 ~ 30s，或者将花材转移到干燥板内或者书本中继续压制。

　　使用微波压花法应注意，同一板内最好是同种植物材料，因其厚度及含水量较一致，否则易发生干燥不均匀的情况，厚的花材未干燥，而薄的花材完全干燥或者干燥过渡。对于较难干燥的花材，可以采取少时多次的微波加热法。因不同微波炉的火力差异，需要使用者首次使用的时候多次尝试，把握好时间与植物材料的干燥程度，总结规律。

　　（2）干燥板压花法

　　干燥板压花法需要用到干燥板、绑带、木板、吸水纸、海绵片（图 3-1-5）。

　　由下至上放置干燥板、吸水纸、植物材料、吸水纸、海绵、干燥板，按此顺序重复放置（图 3-1-6），可以处理较多的植物材料，最后上下各放置一块木板，用绑带抽紧。整体放进自封袋内，等待植物材料干透，通常 3 天左右。但不同的植物材料含水量不等，因此干燥时间也不相同，干燥期间可以打开干燥板查看植物材料的干燥程度。

(a) 干燥板

(b) 绑带、木板

图 3-1-5　干燥板、木板、绑带

图 3-1-6　干燥板压花器
物品放置顺序展示

　　使用干燥板压花法应注意，绷带压力要足够，干燥板使用一次后需要放到烘箱内烘干晾凉，放在自封袋内备用；摆放植物材料时，应摆放均匀，植物材料之间要留有足够的间隙，不可重叠。

（3）电熨斗压花法

电熨斗压花法需要用到电熨斗、烫衣板（或其他平整的板面）、吸水纸。

在熨衣板上放一层吸水纸，在吸水纸上放一层植物材料，然后在植物材料上方放一张吸水纸，将熨斗温度设置到低档，在吸水纸上压熨，换不同位置垂直向下施力，不可来回平移，直到植物材料接近干燥，再将植物材料夹在新的吸水纸内放到书本中或干燥板中，压上重物，等待完全干燥。

（4）重物压花法

重物压花法需要用到报纸或书本、吸水纸、其他重物。

将植物材料夹在吸水纸中，放到报纸中或书本中，上面压上重物，施加压力，等待的过程中可以更换吸水纸，以利于加速脱水干燥。

■ 3.1.4 压花花材的分类保存

压制好的植物材料需要妥善保管，以备使用。花材可以按种类、花色、大小来分类保存，并在外面写上压制的时间及植物名称。可以给花材建立一个目录档案，方便使用时快速地找到需要的材料。

花材保存可以使用自封袋、硫酸纸（雪梨纸或其他薄且透的纸张）、变色硅胶干燥剂、密封箱（或电子干燥柜）。用硫酸纸包好干燥的植物材料放进自封袋中（图3-1-7），再统一存放进密封箱，箱内可以放一些用透明网纱袋装的变色硅胶（图3-1-8），待硅胶颜色发生变化后，更换新的干燥剂，保证密封箱内持续干燥。变色后的硅胶干燥剂可以烘干后再次使用。

花材保存也可以购买花材专用保管袋（图3-1-9），有各种大小规格，但是保管袋仍需放置在有硅胶干燥剂的密封箱或者电子干燥柜内。

目前，市场上出售的成品花材多采用真空密封，需要用到抽真空机和专用袋，在使用这种方法时，通常需要在花材后放一张卡纸，保证在抽真空的过程中花材不会损坏。

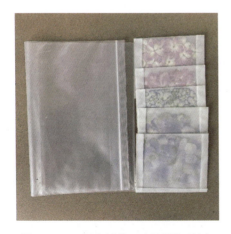

图3-1-7 用自封袋、硫酸纸包花材

图3-1-8 变色硅胶

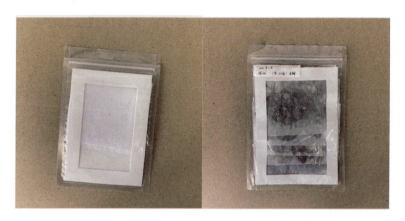

图3-1-9　花材专用保管袋

3.2·压花作品分类、保护与装裱

▪ 3.2.1　压花作品制作工具及辅材

压花作品的制作要经过花材的压制、花材的选择、作品设计、背景处理、花材粘贴、画面保护、作品装裱等步骤。

压花作品制作需要的常用工具包括：剪刀（大、小两种规格）、镊子（平头、尖头）、解剖刀、牙签、切割垫等。常用辅材包括：粉彩（背景处理）、背景纸、手工白乳胶等。

▪ 3.2.2　压花作品的设计

压花艺术作品主要采用自然界真实的植物材料，即使没有美术功底，用一花一叶天然的姿态和色彩入画，也可创作一幅压花作品。在设计压花作品时，可以参考以下基本原则：

图面设计均衡，包括花材大小的均衡、色彩的均衡，通常浅色的、体量小的往画面上方摆放，颜色深的、体量大的往画面中下方摆放，但是具体要以作品的视觉效果来衡量，固定花材前可以多次尝试、观察、比较，确定花材的位置。

花材种类丰富，数量适中。作品可以以某一两种花材为主，搭配其他辅助花材。花材种类丰富，能够增加画面表现效果。

内容较复杂的压花作品，需要提前勾勒草图及局部细节图，并根据所用花材的色彩、质感、姿态灵活调整。

初学者可以从简单的构图设计开始练习，如制作书签、贺卡等，花材的数量和种类可随着练习的递进而增加。在练习的过程中体会如何构图、花材的前后关系对图面效果的影响。

压花作品需要考虑作品背景与植物材料的协调关系，因为无论是纸类背景、布类背景、瓷器类背景或者其他金属半成背景，都可以根据作品的需求进行背景处理，处理方法和使用的材料灵活多变。例如，纸类背景可以使用粉彩、水彩、国画颜料等进行渲染，布类背景可以使用丙烯颜料、粉彩等，背景的处理是基于作品的视觉效果表现，除了使用各种画材颜料以外，也可以利用植物本身来铺设背景。

压花艺术是植物学与美学融合的应用艺术类型，在使用植物材料创作特定意义的作品时，需要考虑植物本身的寓意对作品意义的影响，不同的植物材料具有不同的象征意义，同一种植物材料数量不同，表达的意义也会发生变化。例如牡丹象征雍容华贵，兰花象征雅致高洁，玫瑰象征幸福爱情，等等。

■ 3.2.3　压花作品的分类

压花艺术的应用非常广泛，可以创作各种艺术风格的压花装饰画，也可以制作各种生活中的用品，例如压花书签、压花贺卡、压花蜡烛、压花灯饰、压花文具、压花手机壳等。用压花作品装点日常生活，可带来与工业产品不同的使用感受和视觉享受。依据应用不同，压花作品可以分为压花画类作品和压花用品。

3.2.3.1　压花画类作品

（1）植物自然形态式作品

植物自然形态式作品通过压花的形式表现植物自然形态特征、色泽与肌理。干燥处理的植物材料可以长期保存，可将植物的自然美永恒地留存在压花作品中，从而展现出一种独特的意境和魅力，赏心悦目。在自然形态式作品的制作中要遵循本于自然而高于自然的原则，在保证自然美的同时，兼顾作品的意境美，两者兼顾，作品的艺术效果将更好。

① 玉兰压花作品　玉兰花盛开之时，满树花香，花朵亭亭玉立，形态舒展饱满，在中国传统的文化里玉兰具有很多吉祥的寓意，在现代家庭中常常会将玉兰作为装饰画悬挂于家中，借花语花意来表达对生活美好的祝福。图 3-2-1、图 3-2-2 所示的两幅作品，以玉兰的自然姿态入画，材料选择牡丹（玉兰花）、西府海棠、向日葵（黄色蝴蝶）、三色堇（蝴蝶翅膀）、金盏菊（蝴蝶翅膀细节）、梧桐树叶（花篮）、玉兰枝条等。玉兰枝干的制作材料采用的是玉兰树枝的树皮，即采集新鲜的玉兰树枝，用刀片将树枝表皮削下来放入干燥板压花器中进行压制而成。在制作玉兰花朵时，要将花朵分瓣制作，以增强花朵的立体形态。制作细节参看图 3-2-3、图 3-2-4。

② 紫花地丁压花作品　紫花地丁是早春常见的草本花，较易获得。草本花卉在采集之后要及时干燥处理，压制成平面花材备用。自然式压花作品，为了更好地还原植物自然生长的

图3-2-1　玉兰花儿开（作者：冯慧芳、刘砚璞）　图3-2-2　玉兰海棠图（作者：冯慧芳、刘砚璞）

(a) 花瓣　　　　　　　　　　　　　(b) 花

图3-2-3　玉兰花开制作细节

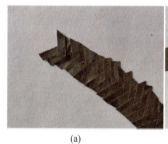
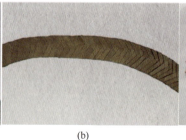
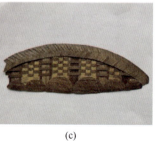

(a)　　　　　　　　　　(b)　　　　　　　　　　(c)

图3-2-4　玉兰海棠图中花篮制作细节

形态，在采集时就要搜集叶、花、茎，甚至根、果等。图3-2-5所示的紫花地丁压花作品中，使用的材料全部源于紫花地丁植物本身，为了将其姿态表现得惟妙惟肖，选择了大小、方向不同的叶片，长短不一的茎，以及不同形态的花朵。

（2）人物式作品

人物压花是以人物为重点表现对象的压花作品，人物表现有两种形式，可以抽象表现，也可以具象表现。抽象表现，以传达出人物的轮廓、背影为主，以此表现人物姿态或者传达情感。具象表现，以具体刻画细节为主，通过准确的细节（五官、发型、衣着、动作等）来表现人物特征。通过植物材料天然的色彩、肌理、形状，与人物作品细节相结合，能达到更好的艺术效果。

① 牡丹仙子　图3-2-6所示作品以牡丹仙子为主题进行创作，人物的头部由白色牡丹花瓣（脸和手臂）、银杏叶（头发）、三色堇（头饰）、小月季（头饰）等花材制成；服饰由白玫瑰花瓣（衣服）、矢车菊（飘带）、蓝色绣球花瓣（束腰、腰带）、白晶菊（项圈）、三色堇（袖口花纹）、小月季（项圈丝带）等制成；背景用到的花材有各色牡丹花瓣和牡丹叶等。这幅作品中是具象的人物表现，以拼贴的技法制作完成，牡丹花朵采用自然式的表现方法，二者结合，增加了作品的观赏性。

图3-2-5　紫花地丁（作者：刘砚璞）　　图3-2-6　牡丹仙子（作者：夏珍珠、刘砚璞）

② 民国女子　图3-2-7所示的作品以民国时期的上海女性为主题，表现重点以服饰为主，旗袍的结构简洁大方，造型优美自然，适合表现旧上海时期女性所特有的神韵与风采。这组作品用的花材有三色堇［图3-2-7（a）的服饰用蓝色花瓣，图（e）服饰花卉用黄色花瓣］、飞燕草［脸部用白色飞燕草，图（a）服饰花卉用粉色飞燕草］、月季［图（b）服饰、图（e）帽子及服饰］、康乃馨［图（d）服饰，图（f）袖子］、鸢尾花［图（c）手持花朵］、波斯菊［图（d）袖子及手套］、一串红、满天星［图（f）服饰花卉］、美女樱［图（b）服饰花卉用白色、红色、黄色美女樱］、菩提树叶脉［图（a）团扇］、彩叶草（头发、绲边及盘扣）、兔尾草［图（e）毛领］等。制作部分主要分为头部及发饰、脸部及五官、服饰和背景等几个部分。先将各部分做好，再按照先后再前的顺序进行拼贴。

(a)   (b)   (c)

(d)   (e)   (f)

图3-2-7　民国女子（作者：栗宁娟、刘砚璞）

（3）插花式作品

插花式压花作品中，花材的选择非常重要，它是作品的重点，通常选择花形、花色、意义较好的花材入画，此类作品形式可以参考鲜花插花形式及鲜花花束。插花式压花作品中花器的选择和制作要与花材造型相搭配，花束式压花作品中，可以搭配适宜的丝带、包花纸等辅材，丰富画面。

①康乃馨花束　康乃馨是母亲节常用的礼物，它代表温馨的祝福以及对母亲的感恩之心。在处理康乃馨鲜花时，要将其拆成单瓣压制，干燥后重新组合拼贴成一朵朵康乃馨备用（图3-2-8）。整幅图（图3-2-9）以康乃馨（花、叶、枝）为主，搭配情人草、白晶菊、红色小

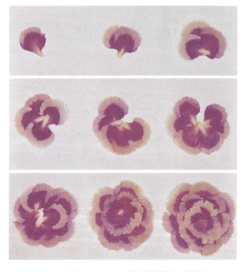

图3-2-8　康乃馨花朵拼贴

图3-2-9　康乃馨花束（作者：闫晨雨、刘砚璞）

月季等，使整体色彩层次更丰富。康乃馨的茎在干燥前可以剖开，剔除内部组织之后进行压制干燥。在制作花束式作品时，应先将外部轮廓用花材定位，之后确定主花材位置，最后添加辅助型花材。

② 盛花牡丹　以牡丹为主花材的插花是中国传统插花艺术的代表之一，其内涵和意境十分讲究，常表现吉祥、富贵、昌盛等寓意。图3-2-10及图3-2-11所示的压花画作品以牡丹为主要表现花材，用桦树皮制作的树枝来进行画面的延伸；花瓶（蓝色绣球）底部布满根茎和苔藓，具有时间飞逝的厚重感；背景用蓝、紫等粉彩进行渲染，使得作品更加完整，色彩与花材也有呼应的效果。作品中樱桃采用虞美人花瓣制作，反光点用白晶菊花瓣制作，樱桃柄用染成黑色的叶片制作。

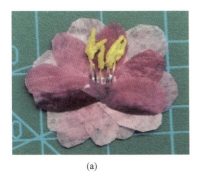
(a)

(b)
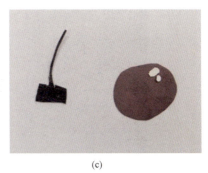
(c)

图3-2-10　盛花牡丹制作细节图

（4）风景式作品

风景式压花作品相对其他形式较复杂，需要处理好前景、中景、远景之间的关系。风景式压花根据表现内容涉及多种景物的表现，甚至包括建筑、水体、光影、雾气等。表现方式复杂多变，没有统一的定式，可以根据保存的花材灵活处理。风景式压花的素材也非常广泛，可以是自然景观，也可以是人文景观。

① 挂壁公路　挂壁公路又被称作人工天路，也被称为"世界第九大奇迹"。图3-2-12所示作品采用风景式压花对挂壁公路进行刻画，赞扬自力更生、苦干实干的时代精神。作品使用的材料主要有白千层树皮、苔藓、地衣、苎麻叶、小飞燕、小百合等。这幅风景式压花作品中的难点是山体的表现，首先将山体

图3-2-11　盛花牡丹（作者：夏珍珠、刘砚璞）

分成两大部分制作，将这两部分再分成若干山体分别制作。挂壁公路所在的太行山脉主体颜色为黄色和绿色，山体在阳光下的深浅过渡比较明显，利用白千层树皮不同深浅颜色和纹路走向，做出山体的基本形态，用苔藓装点于山体的缝隙中，营造植物的效果。公路下方的山

图3-2-12 挂壁奇景
（作者：李玉秀、刘砚璞）

体用蛇皮地衣撕碎粘贴制作，与两侧的山体区分开。前景植物选择花和叶搭配，在铁线蕨上面摆放小飞燕和小百合，飞燕草与绿色的铁线蕨做搭配，褐黄色的小百合与山体做呼应，凸显太行山的巍峨。天空中的飞鸟用苎麻叶修剪而来。

② 牡丹源记　图3-2-13 所示作品是以牡丹为前景的一幅田园风景图，整幅作品色彩丰富，主要使用了牡丹花瓣、苎麻叶、二乔玉兰等花材。近景的牡丹花田用到牡丹花瓣和牡丹叶；建筑主要运用了苎麻叶、二乔玉兰、三色堇、蛇皮地衣等；桥和船主要用苎麻叶、二乔玉兰；草地和远山用生菜叶、白蒿、青蒿、乌蕨、蕾丝等一些配景花材。

作品细节较多，例如房顶的制作（图3-2-14）、墙体的制作（图3-2-15）、木桥的制作（图3-2-16），都需要先分析好前后层次，由后到前，逐层制作完成。

图3-2-13 牡丹源记（作者：夏珍珠、刘砚璞）

(a)

(b)

图3-2-14 房顶的制作细节

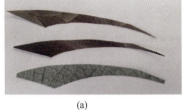
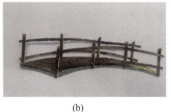

图3-2-15　墙体的制作细节　　　　　　图3-2-16　小桥的制作细节

（5）图案式作品

图案式压花作品是把一些具体形象经过艺术处理，在造型上符合审美的一种压花作品。它可以是几何图形、装饰纹样、字母造型，等等。基本的构图原则就是符合形式美法则，追求视觉效果美观。

①生肖剪纸　将压花与传统剪纸艺术相结合，利用剪纸图案，用植物将生肖的特点展现出来，图案的设计遵循平面剪纸造型。图3-2-17所示酉鸡作品中用的花材主要是红色玫瑰花瓣、苎麻叶、粉色飞燕草、粉色月季花瓣、乌蕨、三色堇等，整体色彩红绿对比，视觉效果突出。图3-2-18所示卯兔作品中玉米和竹筐的制作用到的花材是白蜡叶、三色堇（黄、白）等。兔的外形制作用到的花材是粉色康乃馨、红色玫瑰、黄色三色堇、白蜡叶等。图3-2-19辰龙的制作，龙的角、眼睛、胡须、嘴巴等这些都要分开制作。在龙头制作过程中，用郁金香做龙角，小叶女贞做龙须，三色堇做龙脸，用白、红月季做胡子和补色的部位，爪子和尾巴用郁金香花瓣制作，龙身和龙脊用三色堇、小月季、青色月季、白蜡叶等制作，祥云用绣球花拼接。图3-2-20所示为寅虎作品，首先将虎的形态描绘出来，用到的花材有红玫瑰、三色堇（黄、紫、白）、小叶女贞等。然后用绣球花制作祥云，用三色堇的叶子制作荷叶，用紫色的三色堇制作石头，最后进行拼接。

图3-2-17　酉鸡
（作者：陈梦洁、刘砚璞）

图3-2-18　卯兔
（作者：陈梦洁、刘砚璞）

图3-2-19　辰龙（作者：陈梦洁、刘砚璞）

图3-2-20　寅虎（作者：陈梦洁、刘砚璞）

图3-2-21　锦绣牡丹

（作者：夏珍珠、刘砚璞）

② 锦绣牡丹　图3-2-21所示作品锦绣牡丹以几何图形新月形为基础造型，使用花材有牡丹、小百合、禾叶大戟、白晶菊。牡丹花色选用白色、粉色、紫红色三种颜色搭配，以粉色牡丹为主，其他两种颜色为辅。浅粉色的牡丹花瓣近乎透明，多瓣拼贴成牡丹后显得剔透玲珑，很符合装饰画的格调。背景使用墨绿色珠光纸，喷溅上金色装饰，庄重大气，背景色与花材色彩搭配协调。装饰性彩带用硫酸纸和白晶菊花瓣制作，对花材起到了点缀作用，也增加了作品的立体感。

3.2.3.2　压花用品

（1）压花书签、贺卡、扇子、信封

压花书签一般材质是卡纸，设计面积较小，不适宜较大或者较厚的花材。压花完成后覆盖冷裱膜，用手压紧压平，裁剪掉多余的膜，再使用打孔器，在上方打孔，穿上丝带，书签就制作完成了。设计压花书签时可以利用叶片自然的形状组合成小动物的形状（图3-2-22），或其他各种简单的造型，也可以仅仅是展现植物材料天然的姿态、色彩，简单明快。

压花卡片可以选择成品空白贺卡，有开窗形式的贺卡（图3-2-23）、可悬挂的硬质卡片或者单张形式的贺卡等。贺卡的主题性较强，可根据不同的主题，设计不同的图案，可以配以文字或者文字贴纸进行装饰。贺卡的保护，多采用冷裱膜法，不宜采用过塑法。

图3-2-22　动物压花书签

（作者：张萌杰）

压花纸扇要选用成品空白纸扇，纸扇的形状很多，有团扇、芭蕉扇、海棠扇、刀扇等，扇面有宣纸、洒金宣纸、普通白纸等。扇面设计宜选择薄型、保色较好、大小相近的花材，不宜选用较厚较大的花材。扇面保护通常使用冷裱膜或者带背胶的和纸覆盖，如图3-2-24所示作品使用了和纸法，图面略朦胧，可以用花胶涂抹以使花材清晰。

图3-2-23　图案式压花书签（作者：刘砚璞）

图3-2-24　压花纸扇（作者：刘砚璞）

在信封上装饰花材，多选用形态较好的花朵或者枝叶，与常规压花纸制品制作的不同之处在于其将花材摆放在双面胶纸上，尽量不要重叠，在放好花材的胶纸上覆盖一层极薄和纸或者冷裱膜，之后用剪刀沿着花材边缘1～2mm的距离剪下来，制作成压花贴纸，然后撕去背后的离型纸，将花材贴在信封或信纸适宜的位置上进行装饰，如图3-2-25所示。

图3-2-25　压花信封、信纸（作者：刘砚璞）

（2）压花灯饰

灯饰种类很多，以布艺灯罩制作成压花灯具居多，各式图案的精巧压花在灯光的映衬下，更显朦胧之美，其格调高雅，精美别致，可使人产生贴近自然、如诗如画的感受。在灯罩上设计压花图案，注意选择较薄的花材。压花灯罩适宜采用自然式、自由式或者规则均匀对称的构图形式等，不适合采用复杂的构图。在制作过程中，可以打开电源观察灯亮以后的效果，以便及时调整，制作完成后可以使用和纸保护法进行保护（图3-2-26）。

（3）压花蜡烛、香薰蜡片

经压花装饰的蜡制品，既是美丽的家居装饰品、又能增添无限的温馨和浪漫，烛光下花朵、叶片，影影绰绰，美丽朦胧。蜡烛的表面可设计利用的面积有限，应选用图案简洁、色彩明快、素雅大方的设计。近年常用的压花蜡烛的制作方法有过蜡法和MOD胶法（图3-2-27）。

图3-2-26 压花灯饰（作者：裴香玉）

图3-2-27 MOD胶法制作的压花蜡烛（作者：刘砚璞）

压花香薰蜡片是在加热的蜡液中加入香氛精油，搅拌均匀，倒入硅胶模具中，待蜡液将要凝固前，在蜡液表面直接放置花材，无需再使用白乳胶粘贴花材，待蜡液完全凝固后，从模具中取出即可。此类蜡片可以放置在居住空间里，或者衣橱、储藏间等等，香氛渐渐散发，气味宜人。蜡片的压花构图适合自然式或自由式，主要展现植物自然的姿态、色泽和质感。图3-2-28所示压花香薰蜡片使用的花材为波斯菊、紫花地丁，搭配栀子花香氛，白色的蜡片可衬托出植物颜色的美丽、自然。

图3-2-28 压花香薰蜡片（作者：刘砚璞）

（4）压花金属饰品、压花镜子

目前市面上有多种适合制作压花用品的金属材质半成品，例如便携镜子、各类首饰等，设计区域一般为圆形、长方形、椭圆形等，可根据自己的喜好或者想要表达的意义，选择薄的、小型的、不易褪色的花材设计压花图案，多以自然式设计为主。通常采用冷裱膜法保护。首先应剪裁与金属制品上设计区域大小相同的卡纸，然后在卡纸上进行压花图案的设计，覆盖上冷裱膜，沿边缘修剪，最后将卡纸粘贴到金属制品上即可（图3-2-29～图3-2-31）。

图3-2-29　压花镜子（作者：刘砚璞）

图3-2-30　压花胸针（作者：刘秀清）

图3-2-31　压花吊坠、胸针（作者：刘砚璞）

适合做压花的铜镜半成品一般包括镜托和铝片，利用铝片可以选择多种不同的压花铜镜制作方法，铝片也可以用丙烯颜料染色作为背景。

利用首饰半成品与花材相结合，可以设计制作多种类型的压花首饰，例如吊坠、手镯、戒指、胸针、发卡等。通常使用滴胶法、无影胶法、UV胶法。

（5）压花钥匙扣、文具、水杯

钥匙扣一般很小巧，用压花装饰会让人不由联想到是不是美丽的压花开启了春天的大门。塑料钥匙扣一般有一块透明盖片，在制作完成后盖上即可密封花材，为了丰富设计，可以裁剪相同大小的彩纸作为背景。压花钥匙扣的图案设计以简洁明快为宜，只要设计巧妙，一花一叶也会令人爱不释手（图3-2-32）。

在日常使用的成品笔、尺子、笔筒上完成压花设计，之后覆盖冷裱膜或者带背胶的韩纸即成，但经常使用的话，其表面和边角易磨损。也可以使用市面上适合手工的文具半成品进行压花装饰（图3-2-33）。

选择适合压花创作的双层水杯，制作方法同压花文具。水杯面积较文具更大一些，也适宜以展现花材自然形态的自由式构图，以和纸法或冷裱膜法保护作品（图3-2-34）。

图3-2-32　压花钥匙扣（作者：刘砚璞）

图3-2-33　压花文具（作者：刘砚璞）

图3-2-34　压花水杯（作者：刘砚璞）

■ 3.2.4　压花作品的保护与装裱

3.2.4.1　压花作品的保护

压花作品的画面保护方法有很多，通常根据作品使用的衬底和装裱材料不同而采取不同的方法。常用的压花作品保护方法有冷裱膜保护法、热裱膜保护法、和纸保护法、MOD 胶保护法、过蜡保护法、UV 胶保护法。

（1）冷裱膜保护法

通常保护附着在纸上的压花作品使用冷裱膜保护法，即将带有粘胶的膜直接覆盖在作品上即可，其优点是方便、快捷，在常温下就可以操作。市面上出售的冷裱膜分为光膜、哑光膜、磨砂膜等，可以根据需求选择。冷裱之后的作品可以有效地避免花材损伤、图面划伤、污染等。

（2）热裱膜保护法

热裱膜是双层膜，要将作品夹在两层膜之间，通过加温的过塑机完成塑封。这种保护法简单易学，可以将作品整个保护在塑封膜内，但是对作品中使用的花材厚度有要求，不能使用较厚的花材，最好整个图面花材厚度偏薄，且厚度均匀。过塑机需要提前预热，通常110 ～ 130℃可以完成塑封，但不同塑封机的预热时间和最后温度略有差异，塑封正式作品前，可以预实验一次。

（3）热烫膜保护法

热烫膜是一种需要配合电熨斗使用的专业膜，主要适用于布类材质作为衬底的压花作品的保护。使用时先剪裁大小合适的热烫膜，撕下离型纸，平整地粘贴在作品上面，将撕下的离型纸光滑面朝向作品，盖在热烫膜上，使用调至中温的电熨斗熨烫五秒左右，电熨斗在一个位置时不要移动，五秒后抬起换未烫的区域，以免热烫膜起皱褶。使用热烫膜可以很好地保护附着在布类材质上的植物材料，覆盖热烫膜后，作品不可以整体清洗，可以用湿巾擦拭热烫膜表面。

（4）和纸保护法

和纸保护法是使用带有背胶的和纸直接覆盖在作品上面，用手压紧压平即可。和纸覆盖花材表面会有朦胧的视觉效果，若希望花材清晰可见，可以在花材表面涂抹少量的花胶，在空气中晾干即可。

（5）过蜡保护法、MOD 胶保护法

过蜡保护法是将花材粘贴在蜡烛表面之后，用夹子夹住蜡烛芯将其放入盛有加热好的蜡液容器中过蜡，过蜡后将蜡烛放入冷水中，降低温度，使表面蜡液凝固，这样蜡烛表面就附着了一层薄薄的蜡，不透水，不透气，能很好地保护花材。

MOD 胶保护法是在蜡烛的设计区域内用小排笔轻轻地刷一层 MOD 胶，再将花材按照构图直接放置在 MOD 胶上，胶未干时呈乳白色，等待半小时，按压花材，排除空气和多余的胶，待 MOD 胶彻底干透后，在花材表面再刷一层 MOD 胶来保护花材，胶完全干透后会变成透明的，花材的色泽就完全显现出来了。这种方法非常便捷，需要注意的是不能使用较厚的和层数较多的花材。

（6）滴胶保护法、无影胶保护法、UV胶保护法

滴胶保护法是将人工合成树脂与硬化剂按说明书的比例3∶1或1∶1等混合，用竹木筷均匀搅拌1～2min，待气泡消尽，缓慢浇注在需要覆盖的区域，并注意用筷子将其中的气泡刺破，其固化时间较长，需要注意防尘。用滴胶法进行保护选用的花材最好是不易褪色的或染色的花材，否则会出现花材褪色和浸湿的现象。为避免这种现象出现，可选用有机颜料涂抹在花材表面。滴胶保护法也可以搭配硅胶模具使用。

无影胶保护法主要应用在金属底托或者木质底托的压花饰品上，在作品上涂抹上无影胶，再将玻璃盖片从一侧轻轻压上，整体照射紫外灯至固化。

UV胶保护法是将UV胶分次用小刷子涂抹在压花图案上，略超出边沿2～5mm，每涂抹一次UV胶后放紫外灯下照射至固化，涂胶时注意缓慢进行，避免形成气泡。

3.2.4.2　压花作品的装裱

（1）干燥板密封装裱法

干燥板密封装裱法是装裱带画框的压花画的方法之一，使用材料包括玻璃或有机玻璃、铝箔、铝箔胶带、薄干燥板、脱氧剂、缓冲衬垫、刮板。具体操作方法是剪裁出与作品大小相同的铝箔，其上方放置薄干燥板及脱氧剂，再铺设缓冲衬垫（薄海绵或者厨房用纸），放置作品，将清洗干净的玻璃盖在作品上，用铝箔胶带将铝箔与玻璃四周粘贴起来，最后用刮板将铝箔内的空气挤压出来，并将铝箔胶带压平压紧，此时玻璃、作品、各类装裱材料是一个整体，装入画框，盖上背板即可。

在使用铝箔及铝箔胶带的过程中要避免尖锐工具或指甲对其造成损伤，以免影响装裱的效果。

（2）抽真空密封装裱法

抽真空密封装裱法是在干燥板密封方法的基础上，使用专用的抽真空机器，将作品与玻璃之间的空气抽取出来，这种密封法可以更好地保护压花作品，延长观赏时间。

■ 本章思考题

（1）日常生活中哪些植物材料适合压花？

（2）采集压花花材时的注意事项有哪些？

（3）日常压花使用的工具有哪些？简述其使用方法。

（4）制作压花作品常用的背景处理方法有哪些？

（5）可以利用压花来制作哪些日常用品？

（6）试述压花作品的主要保护方法及其可保护的压花作品类别。

第 4 章

盆景艺术

盆景是自然景物的概括、浓缩与升华，因此，学习盆景制作需对自然界的奇山怪石、河谷森林、山涧溪林、古树苍藤、旷野丛林、花草树木等有一定了解。要了解它们的形态、特征，常处环境、生长规律，否则就不能制作出优秀的盆景。违反自然规律的东西即使临时凑合起来，也没有生命，更没有灵性，所以，学盆景要多出去走一走，百闻不如一见，多看自然景观和古树，有利于盆景创作。

为把握景物的特征，必须了解风、雨、雪、水分、土壤、光照、温度等自然因素对景物的综合影响。例如，将热带植物植于风雪之地，显然是不合规律的，只有学习自然、认识自然、了解自然，才能再现自然，且高于自然。

盆景制作不是对自然的重复和再现，而是浓缩、升华，是源于自然，高于自然（图4-0-1）。要做到这些必须认真学习我国传统园林的表现手法，对祖国的书

图4-0-1　盆景示例

法、诗词也要有一定了解。特别是盆景与中国绘画的关系最为密切，所以画论不可不读，名作不可不看，要培养对各类艺术门类的爱好，借以提高文学艺术修养和思想品位。只有不断学习各类自然知识、书法知识，提高自身的文化素养，才有可能创作出源于自然且高于自然的艺术作品来。

制作盆景还必须了解各种花草、树木的形态特征、习性、生长发育规律和对环境条件的要求，以及常见病虫害的防治等方面的知识。只有这样才能根据立意和所掌握的材料进行科学布局，创造出符合自然规律且比大自然中更典型、更突出的奇山异景。

4.1·盆景制作前期准备

4.1.1 盆景植物材料准备

4.1.1.1 盆景植物材料的选择标准

自然界中的树木种类繁多，并非都适用于树桩盆景创作。树种选择应充分考虑作者创作的艺术要求和欣赏者的审美情趣、个性爱好、欣赏习惯等，以盘根错节、枝密叶细、姿态优美、花果艳丽者为佳；同时应根据树木自身的生物学特性，要求树种的萌发力强，耐修剪，寿命长，以保证加工再创作的成功率。树桩盆景植物的选择标准如下：

① 所选植物叶片细小，节短枝密，桩景统体可观，自然而富有真实感。如罗汉松、榆树、福建茶等，罗汉松有大、中、小、雀舌、珍珠叶之分。

② 桩景树木萌芽能力要强，在养坯、创作中能够忍耐反复修剪和蟠扎。如小叶女贞、黄杨等。

③ 枝条自然柔韧，耐绑扎，易弯曲造型，树干矮壮有力，尽显桩景之苍劲古朴、老气横秋之态。

④ 花艳果繁，花果大小不等，形状各异，味有浓淡。例如，三角梅有单瓣、重瓣之分，色彩有深红、紫红、橙黄、红白相间之别；再如核果殷红夺目的南天竹，硕果累累的火棘，均可给予观赏者丰盛喜悦之感。

⑤ 树蔸怪异，悬根露爪，以盘旋交错、隆裸苍古者为妙，从而显示桩景年份，体现力度，决定造型起步动势。

⑥ 生长缓慢，寿命长，环境适应性强。寿命越长，桩景根、干、枝将随其树龄的递增显得愈发苍古，韵味十足；盆土定容，营养、水分受限，桩景需能够适应干旱、低温、贫瘠等不良环境，且病虫害应少，应容易养护管理。

⑦ 桩材奇特，姿态优美，色彩、质地、神韵俱佳。桩景之美，在于其生命特性，桩景的色彩、形态及神韵随季节不同而产生变化，从而可体现出生命在季节变化过程中所呈现的节奏感。

4.1.1.2 植物材料的准备

树桩盆景植物材料主要通过采掘、繁殖和购买三种途径获得，经过品别、修整后即可开始进行盆景创作 [图 4-1-1（a）]。

（1）野外采掘

野外采掘盆景材料需要掌握好材料要求、采掘地点、时间、方法、运输技巧和树坯栽植等。

(a) 植物材料

(b) 盆

图4-1-1　盆景制作的植物材料和盆钵

① 材料要求　野外采集挖掘树桩时应选择树龄长久、生长旺盛、苍古奇特、遒劲曲折、悬根露爪、稀奇古怪的树桩坯料。选桩要诀："大头鼠尾有弯曲，老树嫩枝又短束"。

② 采掘地点　残酷的自然环境使生长在其中的树木变得形态古怪，植株矮小，而且具有很强的生命力；土层瘠薄，树木根系多侧生生长，浅根、细根、侧根发达，而直根、主根、深根较少；屡经风霜糟蹋，虬枝曲干，老气横秋。因此，在荒山瘠地自然生长的树木，由于遭受人畜践踏或人为砍伐，往往会留下古老的树桩；山径岩隙中的树木发育受阻，生长缓慢，容易形成树形古朽、枝干扭曲、树皮开裂的树桩；高山地带的树木受大风、低温和强紫外线照射影响，导致植物主干畸形，节间缩短矮化，"小老头状"的苍老桩材往往是很好的采掘对象。采掘前应了解当地的桩景植物资源及其生长和分布情况，查找有关资料，大致推断该地区可能生长的植物种类，还可访问当地的山农樵夫或放牧者，弄清树桩植物的分布种类和具体的生长地点。

③ 采掘时间　我国地域辽阔，南北气候差异较大，植物的生长习性各异，树桩的采掘时间常由树木的生长习性来决定。一般来讲，除了高温、严寒季节外，树木休眠期采掘较为适宜，尤其以初春化冻、树木萌芽前采掘为最佳时期。

④ 采掘方法　首先对选定的树桩进行观察，清除树桩周围的杂草、荆棘、桩基丛生枝和根部萌枝，初步确定造型，将与造型无关的枝条去除。然后从树根周围开始挖掘，去掉表土，切断伸向远处的侧根，然后再选树桩的正反两面向下深挖，一般挖至分根下 50cm 左右时（大树可深些，小树桩可浅些），大致可观根部形态，根据需要尽可能多保留些侧根、须根，切断主根（利刃快切），能带土球的就尽可能带土球，至少也要留有护心土，如果实在是不得已没能带土，则必须做掘后保护。

⑤ 运输技巧　挖掘的树桩应尽快运回修整栽培。短途运输，可直接用塑料袋或布包装树桩。远途运送，则必须将树桩根部打上泥浆，用草包、蒲包或稻草包装上车，并加以覆盖，避免风吹日晒。难以移栽成活的树桩还应以青苔浸湿包扎根部，对枝叶喷水装进塑料袋，保持水分，以提高其成活率。

山野采掘的树桩，通常要经过一定时期的培育，才能上盆加工创作。桩头运到目的地后，根据造型要求在室内进行第二次修剪，主、侧根一般剪留 13 ～ 15cm，以利于上盆。然后栽入温暖向阳、疏松、排水良好的土壤中进行养坯。栽植时要适当深栽，只留出芽眼在土外即可，主干高的树桩，可用苔藓包在主干上或者喷施适当浓度的抗逆剂，防止水分散失。培育期间可选择盆栽、地栽、盆栽地埋和砂床培育等多种栽植方法。

影响野外采挖树桩成活的因素介绍如下。

① 适时采掘树桩　落叶树和松柏类通常选择树木休眠期采掘，其中以初春化冻、树木萌芽前采掘为最佳时期，此时挖掘的树桩移栽后成活率高；常绿阔叶树桩不耐低温，通常以春、秋季适宜生根的阴天或微雨天采掘为佳。

② 减少植株蒸腾　采掘前应根据树桩种类和植株大小，仔细观察树形结构，构思整体造型，去除多余枝干，并在截口上封蜡，或包以塑料薄膜，防止截口水分蒸发。上盆养护前再次对根系和枝叶进行修剪，清理采掘时造成的撕裂伤，修整切口，以熔化的石蜡均匀涂于切口处，既可减少植株水分蒸腾，又可防止因伤口流液而引起腐烂感病。

③ 保护健壮根系　采掘时细心清理表层土壤，露出树桩粗根，看清根幅走向，切断伸向远处的侧根，然后在树桩的正反两侧向下深挖，边挖边锯剪向下生长的粗根与侧根，尽可能保留较多的侧根、须根，最后倾斜树体，切断主根（利刃快切），整个树桩带土取出，并及时用湿稻草、毡布等材料捆绑包装。采掘过程中要先断主根，再断侧根，截口要尽量小而平整光滑。

④ 上盆养护得当　根系和枝叶修整后，将树桩栽植在合适的盆钵中，可选取塑料膜罩着桩头，以减少水分蒸发。浇水宜少量多次，避免积水引起烂根；施肥不宜过早，确定树桩成活后再施用少量肥料；当树桩新枝长至 5cm 左右时，选择阴天取下塑料膜，并将树桩移至遮阴处，使树桩适应弱光环境，逐步增强生命力。

（2）人工繁育

山野采桩破坏生态环境，不利于盆景产业的可持续发展。人工培育苗木，不仅可以保护森林及野生资源、维护生态平衡，还可以根据盆景创作的具体需要，有计划、可持续地大批量生产，在苗木的种类、苗龄及形态等方面进行定向培养，掌握盆景创作的主动性。人工繁育苗木包括播种、分株、扦插、嫁接和组织培养等有性和无性繁殖方式。

① 播种繁殖　播种繁殖可一次性获得大量实生苗，该苗发育阶段早，遗传保守性不稳定，可塑性大，有利于驯化和定向培育创造新品种，且植株寿命较长。种子是播种繁殖的物质基础，采种母株应选择树形丰满，能充分展现本树种优良性状，生长健壮且无病虫害的植株。同时，应掌握适时的采种时间和恰当的采种方法，经过种实调制、种子贮藏、种子检验、播前处理等程序，选择适宜的播种期进行播种，出苗后开展积极有效的抚育管理，从而为树桩盆景创作奠定基础。

② 分株繁殖　即从母株根部分割出萌生的根蘖苗，栽植成新植株的繁殖方法。此方法适用于易生根蘖、茎蘖的盆景树种。分株时间以秋季落叶后至春季发芽前为宜。具体方法：将母株根部周围地面上萌发的根蘖苗带根挖出，挖掘过程中在保证根蘖苗具有完好根系的同时，尽可能减少对母株根系的损伤，分株后将根蘖苗暂时埋藏假植，待春季适时定植。

③ 扦插繁殖　即利用植物的根、枝、叶等器官作为繁殖体，在适宜环境条件下，插入基质中使其成为完整植株的方法。适用于不结实或结实较少的盆景树种，如六月雪、福建茶等。具体方法：选择 1 ~ 2 年生健壮枝条，长短曲直根据盆景植株造型需要而定，生物学下端斜剪（忌头尾倒置），施用适量浓度的生长类激素处理，扦插入事先配制的基质中，深度一般以插穗的 2/3 为宜，扦插后注意做好降温、保湿等管理工作，以提高插穗的成活率。

④ 嫁接繁殖　是指将植物的枝、芽（接穗）嫁接到另一株树体（砧木）上，使其愈合生长为一个新植株的繁殖方法。嫁接时应选择亲缘关系近的砧木和接穗，如小叶榆与大叶榆、紫薇与银薇、红花檵木与白花檵木等组合，接穗应选取健壮枝条的中间段，砧木以无病虫害的树干或枝条为宜，接穗与砧木的接触面要削切光滑、平整，对准形成层，然后用塑料带绑扎牢固。嫁接后应留心观察接穗抽芽，及时抹除砧木的萌生芽，保证砧木对接穗的营养供应，待砧木与接穗嫁接处的皮层基本愈合后，解开包扎物，细心养护管理。嫁接的方法主要有靠接、劈接、腹接和芽接等。

⑤ 压条繁殖　是指将母株上生长的 1 ~ 2 年生枝条压入基质中，待其生根后与母株断离，发育成为独立新植株的繁殖方法。压条时应在枝条的被压处进行切割，略伤表皮，且应保持压条处基质呈湿润状态。根据枝条发育时期不同，压条繁殖分为秋季落叶后或早春发芽前进行的休眠期压条，以及生长季节进行的生长期压条。

⑥ 组织培养　是指根据植物细胞全能性原理，将植物的根、茎、叶和花等器官、组织或细胞接种到人工配制的培养基上，在人工控制环境条件下，经过离体培养使其成为完整植株的繁殖方法。该方法适用于优良苗木品种、优良单株、稀缺良种、新引进和濒危植物的快速繁殖和保存。

（3）购买桩材

随着盆景市场的逐步开放与完善，市场交易已成为盆景创作者获得盆景桩材的重要渠道。为了提高桩材的成活率，应从以下几个方面观察待选桩材：

① 根系　选择须根多的桩材，能保证植株对营养和水分的吸收，提高桩材的成活率。

② 色泽　观察植株根、茎、干和叶是否饱满色正，选择皮色鲜嫩（用手指甲划破表皮，看开展层是否嫩绿，水分是否充足），采挖时间较短的桩材容易成活。

③ 宿土　即附在桩材根部的原土，宿土保留越多，根系越完整，成活率越高。

④ 损伤　挖掘桩材时往往会造成植株的损伤，购买桩材时要观察枝、干、根部皮层的损伤程度，皮层损伤越少，植株水分输送越顺畅，桩材成活率越高。

4.1.1.3　制作盆景时植物材料选择的注意事项

初学者制作盆景应选择小的、生命力强的树种，如六月雪、榆树、小叶女贞等，价格既便宜又宜于养护，即使出错，损失也不大。切忌贪大求贵，以免因经验不足，养护不当带来不必要的损失。买桩时切忌心急盲目，应结合自身鉴赏能力、植物生长习性、立地栽培条件和养护技术选择适宜的盆景桩材。

① 因地制宜　初学者制作树木盆景时，应在了解所选盆景树木生长习性的基础上，根

据当地的气候、土壤和水质等栽培条件，选择购买适宜的盆景苗木或树坯品种。栽培地光照充分可选购黑松、梅花、石榴、柽柳等喜阳性树木；光照不足，应选购黄杨、罗汉松、雀梅藤、六月雪等适应性强的耐阴树木；紫薇、金银花等树木适应性强，在我国南、北方都能正常生长，榉木、罗汉松等树木适应性较差，在北方自然条件下生长不良。

② 苗木健壮，容易成活　购买盆景树木不仅要注意品种，还要观察苗木枝、叶、根的生长状况，判断能否栽植成活。须根是植物吸收营养、水分的主要器官，完好、充足的须根是苗木成活的基本保障，根部带宿土能使须根保持鲜活状态，有利于苗木成活；枝干、树皮色泽鲜嫩，叶片翠绿，植株的成活率较高，反之，植株不易成活。

③ 具备初步的造型基础　一棵有造型基础的桩材更利于盆景创作，造型基础主要体现在植株根、干、主枝三个方面。根系发达，侧根较粗，须根较多，适宜培养成"悬根露爪"姿态；树干短粗横卧，树冠枝条昂然向上，树姿苍老古雅，适宜培养成"李白醉酒"卧干式盆景；树干弯曲下垂，冠部下垂如瀑布、悬崖，可以模仿培养野外悬崖峭壁"苍龙探海"之势。

④ 谨防病虫害　市场销售的桩材来源地域环境复杂，购买时应仔细检查枝干、叶片上有无病虫危害，例如蚜虫、红蜘蛛等害虫一般着生于叶片背面或嫩枝叶片上，介壳虫一般寄生于植株枝干上，一旦将病虫危害的桩材买回家，不但增加创作成本，还可能危害其他苗木。

■ 4.1.2　盆景制作的前期用品准备

在开始动手制作盆景之前需要做好各项准备工作，除了植物材料、盆土以外，盆钵[图 4-1-1（b）]、几架、配件和工具等用品均是制作盆景所必不可少的。

（1）盆钵

盆景，顾名思义，就是盆中之景，景生盆上。盆钵是在盆景发生与发展的同时形成与发展的，其不仅为景树提供生存场所，还圈定了盆景的构图范围。同时，有些盆钵本身就是工艺品，具有较高的观赏价值，好景配好盆，盆钵能起到锦上添花的作用。盆钵种类繁多，从材质上看，盆景制作过程中常使用紫砂盆、釉陶盆、瓷盆、石盆和瓦（泥）盆。泥盆粗糙、透性极好，适用于栽植养护树坯；石盆一般采用汉白玉、大理石、花岗岩等石料雕凿而成，坚实、高雅、不透水，常用于山水浅盆；釉陶盆颜色各异，形状多样，素雅大方，质地疏松，适用于对颜色有特殊要求的树桩盆景和山水盆景；紫砂盆造型美观，质地细腻，坚韧古朴，透水透气性好，多用于树桩盆景制作。

（2）几架

盆景经过构思、选材、加工造型、点景、配盆之后，最后一个程序是选配几架。几架是指用来陈设盆景的架子，它与景、盆构成统一的艺术整体，有"一景、二盆、三几架"之说，是整个画面中不可缺少的一个因素。几架常置于盆景与台面之间，起到承上接下，改善视觉效果的作用。几架要与景、盆相呼应，即要相映成趣，几架的大小、形态、色泽、质地要与盆景配合得体，体现画面的协调性，展现盆景的整体艺术效果。几架按构成材料分为木质几架、竹质几架、陶瓷几架、水泥几架、焊铁几架等。

（3）配件

中国盆景讲究"形神兼备"，盆景要做到以小见大、情景交融，往往借助于添置配件。配件是指盆景中植物以外的点缀品，如人物、动物、园林建筑物等。配件的点缀可以突出主题，丰富制作者的思想内容，增添生活气息，渲染环境气氛，表明时代和季节，还可起到比例尺和透视的作用。盆景配件的材质有陶质、瓷质、石质、金属、塑料、砖雕等，品种繁多，形式多样。

（4）工具

"工欲善其事，必先利其器。"制作盆景使用的工具根据盆景类型不同而不同。树桩盆景制作常用的工具有剪子、钳子、刀、手锯、锤子、筛子、竹签、花铲、水壶、镐等。剪子包括修枝剪、长柄剪和小剪刀，修枝剪多用于枝条和根部修剪，长柄剪用于修剪细小枝叶，小剪刀用于剪断棕皮、桑皮或尼龙捆带；钳子包括钢丝钳、尖嘴钳和鲤鱼钳，用于金属丝截断或缠绕；手锯用于截断大枝干、树根等。山水盆景制作工具包括工作台、切石机、小山子、锉、钢丝刷、锤子、凿子和油漆刀等。工作台用水泥或不锈钢制成，要求平稳并能旋转，便于从各个角度观察、加工；小山子一头尖，一头刀斧口，用于雕琢山水纹理或挖洞开穴；锉用于锉去石料上生硬锋利的棱角或块面。

■ 4.1.3　盆景营养土配制

4.1.3.1　盆景用土的配制原则

盆土是桩景植物生长发育的物质基础。植物生长的好坏取决于盆土中养分、水分和空气状况，及土壤的物理化学性状等。栽培树桩的盆土以疏松、排水好、富含腐殖质的壤土、沙质壤土为主，也可用经充分风化的湖土、堆沤腐熟的落叶土、垃圾土或山间采集的山泥、菜园土等。山泥、湖土、腐叶土多呈酸性，适合种植喜酸性土壤的植物，如杜鹃、栀子、山茶、松柏类等。种植喜酸性土壤的植物，还可掺入少量硫黄、硫酸亚铁等，以增强酸性。腐叶土含有丰富的腐殖质，含有较全面的营养素，可以避免施用营养元素单一的化学肥料出现的毛病，且具有黏结性，容易形成土壤的团粒结构。团粒结构中，空的孔中充满空气，土粒内含有充足的水分，并且水分和空气状况也较协调。腐熟过的腐叶土，经筛子筛过，再加入骨粉、菜籽饼、草木灰，拌匀堆沤后，即可使用。

一般原产于北方的植物，多数喜欢中性至微碱性的土壤，可适当施入石灰、陈墙灰或草木灰以提高碱性。栽培土如过黏，可掺入粗粒河沙，掺入量为20%～40%。为提高土壤肥力，通常需施入迟效的半腐熟有机肥为基肥，如厩肥、堆肥、豆饼末等，施入量占土壤总容量的15%～20%。栽培观花观果植物时，还可掺入适量骨粉或过磷酸钙，以增加磷肥比例。原则上，栽培土的配制以尽可能接近植物原产地的土壤条件为好。

4.1.3.2　盆土的堆沤方法

调制盆土，可随时清扫、收集落叶，倒入土坑，加入人畜粪尿堆沤即成。落叶的腐熟过程，就是微生物对有机质的分解，进而合成腐殖质的过程。这个过程与水分、空气、温度、碳氮比、酸碱度（pH 值）等有密切关系。水分以湿重的 60%～75% 为最好。温度与材料堆沤时的紧密度有直接关系，过松、过紧均不相宜。调节的办法是用通气沟或通气塔调节。温度受微生物分解有机质放出热能的直接影响。堆沤初期可保持在 55～65℃，促使高温细菌分解有机质；一周后维持在 40～50℃，以利于纤维素的分解，促进氨化和养分的释放。温度的高低亦可通过空气调节。如空气充足，温度就高；反之则低。大部分微生物喜欢中性和碱性条件。每 50kg 树叶，加石灰 1～1.5kg，既可中和腐解过程产生的有机酸，又可破坏叶面蜡质层，有利于分解。微生物活动最适宜的碳氮比值为 25：1，而枯叶的碳氮比值为（60～100）：1。因此，需加入人畜粪尿，以提高氮的比例。

盆土堆制时，枯叶、人畜粪尿分层堆积，分层泼洒。每 5kg 落叶加畜粪 300kg、人粪尿 100kg，然后，用稀泥密封。堆好后翻堆两次。第一次在高温后 10～15 天，上下内外翻匀后加水封泥。翻堆后还有一次高温期，待高温期后 10～15 天进行第二次翻堆，1 月即可腐熟。

4.1.3.3 土壤消毒方法

高温灭菌：将配制好的营养土摊开，在强烈阳光下暴晒，午后趁热堆积，并用塑料布盖严加温，以达消毒目的。药剂消毒：用 0.3%～0.5% 的高锰酸钾液均匀洒在营养土上，并用塑料膜盖严，密封 24h 即可；也可用 1000 倍辛硫磷加 600 倍多菌灵混合液均匀喷洒，密封 2～3 天后即可使用。

4.1.3.4 营养土配制举例

应根据植物材料对栽植土壤的要求，配制适宜植物生长发育的营养土。
（1）中性营养土的配制（体积比）
腐叶土 4 份 + 园土 4 份 + 河沙 2 份；
或腐叶土（或泥炭土）40 份 + 园土 30 份 + 河沙 30 份 + 骨粉 5 份；
或腐叶土（或泥炭土）5 份 + 河沙 3.5 份 + 腐熟有机肥 1 份 + 过磷酸钙 0.5 份。
（2）酸性营养土的配制（体积比）
牛粪 5 份 + 锯末 3 份 + 河沙 2 份，拌和堆放沤制。如没有锯末、河沙，也可用炉渣灰和菜园土代替，但牛粪比例要大些，约占 60%。
山茶：腐叶土 1 份 + 园土 1 份 + 河沙 1 份 + 少量的骨粉；
杜鹃类：松针土 1 份 +1 份马粪（或牛粪）；
橡皮树、朱蕉等：腐叶土：园土：河沙 =3：5：2；
棕榈、椰子等：园土 5 份 + 河沙 2 份。
（3）观果盆景营养土的配制（体积比）
旱田土 50% + 粒度适中的炉渣 20%+ 腐熟堆肥 30%；
或旱田土 40%+ 粗细沙 30%+ 腐熟堆肥 30%；
或旱田土 30%+ 腐叶土 40%+ 蛭石或珍珠岩 30%；
或草炭土 50%+ 蛭石或珍珠岩 30%+ 牛粪 20%。

4.2·树桩盆景

树桩盆景简称桩景，常以木本植物为创作材料，配以山石、人物、鸟兽等配件，通过蟠扎、修剪、整形等方法将植物加工成盘根错节、苍劲挺拔等艺术造型，用于表现旷野巨木、葱茂大树等景象。

■ 4.2.1　树桩盆景植物的造型要求

树桩盆景主要通过植物的独特造型展现自然界的奇古老树之美，不同的树桩盆景所要求的根、干、枝、树冠和叶造型不同。

（1）根的造型

"树不露根，如同插木。"露根能使高不盈尺的小树展现盘根错节、悬根露爪的老树姿态，露根的姿态只有与主干姿态巧妙结合，才能真正达到树形优美的要求。植物根系微露于土表，犹如钢爪紧紧抓住地面，能体现直干式盆景树势雄伟、刚劲挺拔的风姿；盘根错节的根部姿态能表现曲干式盆景树势优雅、树干蟠曲之意；树干横卧（卧干式盆景）或倒挂下垂（悬崖式盆景）的根部姿态以侧露为佳。提根式盆景的树干宜曲不宜直。

（2）主干造型

树桩盆景的主干可直可曲，具体要视植株的造型形式而定。一般情况下，除直干式盆景外，其他式样盆景的主干都需要不同程度的弯曲，或斜，或卧，或倒挂，或蟠曲，姿态各异（图4-2-1）。

"曲折有致、刚柔相济"是盆景主干造型的总体要求。"曲折有致"是指盆景主干弯曲自然，比例适度，方寸不乱；"刚柔相济"是指主干弯曲要富于变化，忌刻板雷同、千篇一律。主干挺直，展现盆景柔媚秀气；主干弯曲角度小（呈弧状），体现盆景娇柔婀娜之美；主干弯曲角度大（呈锐角回转之势），则表现出盆景刚劲有力之态。

图4-2-1　斜干式树桩盆景

（3）枝干造型

盆景的枝干主要由侧枝、后枝和遮干枝组成。从盆景正观赏面看，侧枝一般在主干弯曲的顶部伸出，外展构成树形，表现苍劲有力的自然树态面貌；后枝与遮干枝常在主干弯曲的途中落位，布局巧妙，穿插自然，起到"藏"与"隐"等点缀和修补作用。

枝干的造型由枝的外展方向和曲直来决定，其表现形式有上升、下垂、挺直、横生和蟠曲，姿态多变，各有特色，对盆景的整体造型也有着重要影响。枝干的造型要求前后错落，层次分明，避免重叠落位，以体现"露中有藏"的艺术表现形式。造型时，通常侧枝最长，后枝次之，遮干枝最短。

（4）树冠的造型

树桩盆景中，树冠的造型姿态因树形的变化而变化。半圆冠（扇形冠）适用于大多数矮壮大树；尖形冠常见于直干式盆景；回头冠通过干的纵向与冠枝的横向反差对比，显得神采飞扬，多用于树干弯曲急转和风吹式盆景；平顶冠的树梢枝条呈水平弯曲状，主要用于松、柏及小叶树种；枯梢冠的树梢呈枯枝状，枯枝直插苍穹，宛如刺破青天而未残，下部枝繁叶茂、生机盎然，上下枯荣相照，对比强烈，多用于舍利干式盆景。

（5）叶的造型

叶的颜色、形态和大小是辨别不同树种的重要标志。叶与枝相结合可以创作出"云片""圆片"等造型，从而增加树体的层次感，使树体形象更加完美。但忌"云片""圆片"过密，过密则繁。

■ 4.2.2　树桩盆景制作技艺

4.2.2.1　枝片布局设计

枝片布局设计也称为树木盆景的片层设计，只有通过片层的分布设计，才能使整个树形活跃起来，真正成为活的艺术品。树木盆景内涵的意境深度与风韵神采，主要靠枝片的设计表现出来。所以片层设计在树木盆景的设计中占有相当重要的位置。

一般片层设计主要从以下5个方面进行。

（1）片数

树木盆景的枝片设计一般以奇数为多，很少用偶数，根据树木的大小常用的有3片、5片、7片等，如果枝片过多显得繁、闹，枝片过少则显得简、洁。

（2）片层间距、比重、倾斜度

片层布局一般是下疏上密，下宽上窄，似太极推手，彼来此去。枝片方向有斜、平、垂三种，其意境分别为：斜者如壮士奔驰，富于动势；平者，平静庄重显得温和；垂者犹如寿星披发，老态龙钟。

（3）第一枝片的位置

拟作高耸型者：第一主枝的选留高度宜在树高的1/3以上，并且利用高枝下垂犹如醉翁欲仙。干貌清远，风范高逸。

拟作匍地型者：冠部压低，层层横出，气势溢出盆外。

拟作宝塔形者：枝片宜呈等腰三角形布局，分枝点宜在树高1/3以下，否则过高将产生头重脚轻之弊。

（4）片层的平面和空间布局

自然、刚柔，横向跨度或长或短，或顺势或逆势。

（5）局部的疏密、虚实、藏露、照应关系

把握住树木盆景的势态重心，按意境要求合理布局。

4.2.2.2 蟠扎技艺

（1）蟠扎时期和主干的弯曲方法

一般认为，落叶树以秋季落叶后至次年萌芽前蟠扎为宜。特别适宜在冬季整形修剪结束以后进行，此时树上枝条看得清楚，操作比较容易。但缺点是枝条已经完全木质化，相对较硬、较脆，易折伤或折断，不易一次成型。

针叶树的蟠扎时间以秋季枝条木质化以后（9月份）至次年萌芽前为宜。但也有人认为，蟠扎应以夏、秋季树木枝条基本木质化以后进行为宜，因为此时枝条相对较软，易于蟠扎，成型容易。到目前为止究竟何时蟠扎时间最佳，还有争议。但有一点是肯定的，即一般不在春夏季蟠扎，因为此时枝条较嫩，易于受伤。

较粗的主干，在弯曲时首先用麻皮包扎树干，并在树干弯曲处的外侧先衬入一条麻筋，增强树干的韧度，以防扎断。如果树干太粗，也可在内纵向开一个槽，深达木质部2/3以上，再用麻皮捆扎。

（2）蟠扎步骤

① 退火。

目的：增加韧性，使铁丝变得柔软；除去金属光泽。

方法：放在火中烧一烧，到冒蓝色火苗为止。

② 确定金属丝长度、粗度　粗度一般根据主干、主枝粗度，选择8#～14#铁丝，常用12#。截取长度一般为主干高度或主枝长度的1.5倍。

③ 缠麻皮或书纸保护　蟠扎前一般须先用麻皮、书纸或尼龙捆带包扎枝干，以防金属丝勒伤枝干。

④ 金属丝固定　将金属丝的一端插入花盆的土壤中，直达盆底固定，或者缠在根颈与粗根的交界处固定。

⑤ 缠绕　一般将金属丝与树干呈45°角进行缠绕，向右扭旋弯曲应顺时针缠绕，向左弯曲时应逆时针缠绕。缠绕时金属丝贴紧树皮，由下到上，一直到顶。角度太小则缠绕的圈太稀，力度不够。达不到造型的要求；角度太大则缠绕的圈太密，树将变成"铁树"。

⑥ 拿弯　缠绕好以后，按照设计方案用双手，经过多次缓慢扭动，使主干成型，为了防止金属丝去掉以后角度减小，在弯曲时还应加大1/5。有时由于树干较粗一次不能成型，则须经过多次弯曲，此时每次弯曲的程度不宜过大，这个过程称为练干。如不练干，一开始就用力扭曲容易导致折断。

一般蟠扎后，主干需要经过4～5年、侧枝需要经过2～3年才能定型，但在定型以前还要根据生长情况及时松绑，一般需要每年松绑一次，否则金属丝易嵌入皮层或木质部导致树木死亡。

（3）金属丝蟠扎和棕丝蟠扎技艺的比较

材料来源：金属丝南北均有，棕丝只有南方才有（就地取材），北方难以取得，所以棕丝在北方使用具有一定的局限性。

使用效果：金属丝操作简便易行，造型显效快，能一次成型；而棕丝造型操作比较复杂，费时间，造型显效慢。

缺点：金属丝易生锈，易损伤树皮，夏天金属丝易吸热灼伤树皮，尤其对落叶树，由于树皮薄更易受损，导致枝条枯死。而棕丝不产生此效应。在金属丝中以铜丝效果最好，其次是铝丝，最后是铁丝。但铜丝材料比较昂贵，不易得到，影响使用。铁丝韧性差，金属光泽明显，不协调。所以生产上为了克服以上缺点，通常对金属丝做一些特殊的处理。

4.2.2.3 枯艺盆景苗木苍老技术

缩龙成寸、以小见大是盆景艺术最突出、最显著、最基本的特点。所以应用苗木进行盆景创作时，必须在其幼龄阶段加以微缩和促进其苍老，对于枯艺盆景来讲这一点是区别盆景与普通树木的主要标志，也是衡量盆景艺术价值高低的最基本的标准之一。

所谓缩龙成寸、以小见大，即在盆盎这个有限的空间内，表现出参天大树、苍老古木（单干、双干、三干）或咫尺山林（丛林式、连根式、水旱式）的自然景观，呈现出高大挺拔、苍劲古崛或气势宏大的艺术效果。

（1）物理苍老法

① 纵伤

目的：让一个比较细弱的枝在短期内长得更粗大。

方法：用利刃在枝干上纵切至木质部。

原理：消除皮层对粗生长的紧绷状态，刺激愈伤组织形成，达到加粗生长的目的。

② 夹皮

目的：让比较细弱的枝在短期内长得更粗大，干皮变得更粗糙，显得更苍老。

方法：在纵伤的基础上，用利刃撬起树皮，最后再压紧。

③ 打马眼（造稔棱）

马眼指的是树干或桩头上凸起的稔棱，可使树木显得老辣雄浑。

方法：用手捶在树干上打击，力量以达到刺激到皮层为宜，不要打破皮层。

物理造伤在具体应用时要多种方法结合使用效果才会最好，如果应用过程中再加上生长调节物质的处理，作用会更大。如小榆树盆景用 250mg/L 吲哚丁酸（IBA）可明显促进枝干增粗；元宝槭用纵伤、夹皮、IBA 1000mg/L 处理对干基增粗效果明显。

具体应用时应注意的问题：

纵伤与夹皮处理后，干基部的尖削度加大，干皮颜色黯淡，呈龟裂状凹凸不平，裸露的部分出现部分干枯或伤痕累累，疮痂满布，给人以苍老的感觉。但在对干基进行夹皮时，特别要注意包扎材料与时间，一般最好用浸油的木浆纸较好，如果没有也可用塑料纸代替，并且包扎时间不得超过 10 天，否则易出现因缺氧导致树皮死亡。也可用麻绳粗捆扎以后连盆埋入通气良好的沙土中，但注意不要灌水。

夹皮处理只适宜于皮层厚、韧性比较好的树种，对于皮层薄、硬脆的树种不宜使用，否则易导致树体脱皮死亡。

在进行干基部处理时应注意方法与力度，最好不用纵伤，因为纵伤的效果人为化程度比较高，如果真的要用，要注意视线在下部或在纵伤时采用斜向处理、间断处理，让线条更流畅一些、自然一些。

单一苍古技术效果不够理想，应用时必须配合植物激素进行处理，如采用 6- 苄基腺嘌呤（6-BA）、萘乙酸（NAA）、吲哚乙酸（IAA）、IBA 等来达到促进愈伤组织形成，实现增粗的目的。具体使用浓度为 50 ～ 500mg/L。

（2）化学方法

化学方法是指应用生长抑制剂，来实现控制盆景树木生长，达到苍老目的的方法。使用生长抑制剂以后，盆景树木最主要的表现就是枝叶变小，节间缩短，观赏价值提高。常用的生长抑制剂主要有 15% 的多效唑、B9、缩节胺、矮壮素等，应用最多的是多效唑和 B9。

多效唑一般地栽苗木使用浓度为 15% 多效唑 150 ～ 300 倍液，或土壤施用，1m² 树冠 1 ～ 2g；盆景树木使用 1000 ～ 1500 倍液，土壤施用 1m² 树冠 0.2 ～ 1g。B9 一般只用于叶面喷施，常用浓度为 500 ～ 1000mg/L。

但无论使用何种生长调节物质，原则上应该少量多次，杜绝一次用量过大造成树体抑制过度，影响盆景生长发育。一旦发现用量偏大应该立即用赤霉素拮抗。

（3）其他方法

① 修剪致老术　为了使盆景树木古老苍劲，通常可以通过选择较为粗大的坯料，通过修剪，改变枝干叶的比例，达到树干粗壮，枝细叶小（中间粗度的枝尽量要少，形成大的尖削度）的苍古姿态；或者通过蟠虬结顶、做片，使树体虬曲顿挫，形成自然老树的形态。

② 其他栽培技术　主要有控制水肥的使用，特别是减少灌水效果比较理想。另一种方法就是连续摘心使树体矮壮，枝叶更浓密，提高观赏价值。但是无论何种苍老技术，单独使用效果均不理想，必须多种技术配套使用效果才会更为突出。目前，该方面的研究还是刚刚起步阶段，还没有成熟的全套技术方案，对于不同的材料更是处于试验研究阶段，所以在具体使用时必须本着宁轻勿重的原则。

4.2.2.4　丛林式盆景栽培造型四忌

① 忌一刀切　丛林式盆景所选用的植物材料一般为小叶灌木，如金钱松、雀梅藤、六月雪等，上盆栽植时，应做到植株大小、高低、粗细选配得当，力求变化多样，如植株大小相似，高矮相近，势必造成植物景观呆板，缺少生气，"野趣"更无从谈起。

② 忌密不透风　丛林式盆景所展现的是山野丛林之风姿，栽植树桩应有进有退、有让有揖，空间疏密变化统一，有针插不进之紧凑感，有跑马行舟之空旷感，在构图上应起伏变化，以形成艺术魅力十足的盆景景观。

③ 忌深盆大皿　丛林式盆景表现丛林野趣、旷野风光，盆钵太深会因体量大而显得笨重

臃肿，而且盆深，树就显得小，所展现的空间也相对狭小；盆浅，则树显得高大，空间相对空旷，给人以深远的视觉效果。选用浅盆创作丛林式盆景，还可堆起高低起伏的微地形，配以山石、配件，使画面更为生动活泼。

④ 忌不修剪　丛林式盆景是数株树木组合在一起，形成一个可供欣赏的艺术整体。这些树木除了要求本身姿态自然外，更要求树与树之间格调统一，间隙协调变化，以形成完整的构图画面。丛林式盆景所选植物多为速生树种，萌生能力强，长时间不修剪就会枝杈横生，只有适时修剪才能保证盆景的观赏价值。

■ 4.2.3　树桩盆景的创作步骤

树桩盆景创作主要由桩景材料准备、桩景设计和制作三步完成。

（1）桩景材料准备

购买或者合理采挖古树桩、怪树桩、枯树桩等。

（2）桩景设计

又称艺术构思。其内容主要包括平面经营、总体造型设计、枝片布局、结顶形式、露根处理、盆面装饰以及景、盆、架的配置等。

（3）制作

桩景创作的基本技艺包括一扎、二剪、三雕、四提、五上盆，即蟠扎技艺、修剪技艺、雕干技艺、提根技艺和上盆技艺。

■ 4.2.4　常见树桩盆景的设计途径

树桩盆景的设计途径主要有两个，即野外采桩的以形赋意设计和人工培育小苗的意在笔先设计。

（1）以形赋意

野外挖掘的树桩枝干已经固定，似有天成地就的感觉，不适宜做大的改变，只能在原有形态的基础上赋以意境，因材设计，略加改造、修饰，改造的幅度或大或小。如川派的"老妇梳妆"就是以山野老桩为基础，加以修饰、美化创作而成的。

（2）意在笔先

人工自幼培育的苗木，主干细软，枝条轻柔丰满，通常适宜进行各种姿态的整形加工，犹如在一张白纸上随意勾画最新最美的图画。观叶植物侧重于造型，观花、观果植物除造型外，还着重于花艳果繁。

4.2.4.1　直干式盆景构思设计

直干式盆景的创作要把握好树干的高度及弯曲度，主干宜直不宜弯，或以直为主略有弯曲。幼树生长期树干略有弯曲时，以金属丝蟠扎即可恢复笔直。主干应鲜明突出，上细下粗，过渡自然匀称。主枝应依一定的规则加以分配，愈往下方应愈粗，愈长，两枝之间的距离愈往上愈狭窄。第一主枝（由下往上的第一个枝托）不宜过低，应使主干底部袒露，且稍向前偏；第二枝向第一枝相反方向延伸，以求平稳；第三枝置于后方，以此展现深度；第四枝直立或稍向前倾，下枝近于水平，呈稍稍下垂，愈居上位，倾斜度愈大，这在幼枝的表现上极具分量，且让人产生美感。主枝的下垂度，则因树种的差异而有所区别。根盘以放射状为佳，从而衬托树木的高耸、稳健。树木造型与树干的粗细及主枝的配置密切相关，追求沉稳雄伟、高耸挺拔、清秀飘逸。

4.2.4.2 丛林式盆景构思设计

丛林式盆景的客体树在景的构造中仅次于主体地位，它们的体量大小、高低位置都次于主体，它们与主体树相呼应或连成一体构成丛林景观。客体树在丛林景观的结构中均受到主体树的制约，其高度、大小、伸枝长短均得服从于主体树的要求。客体树对主体树主要起到陪衬、呼应、均衡等作用，无论在两干、三干或多干丛林式盆景的布局中均应客随主便，主客照应。当然客体树也不等于客景，道理与主体树不等于主景一样。

客体树和衬体树，其体量一般较小。衬体树在丛林式盆景造景中的作用是为了烘托主景，渲染气氛，充实细部，完善构图。衬体树与主、客体树是附属依存的关系，它的形态更要受到主、客体树的约束。无论大小、数量、位置、枝展幅度都不得喧宾夺主，否则将破坏整个丛林景观画面的均衡统一，使盆景构图杂乱无章。

品相好的一本多干，本应硕大，变化复杂，高度适中。干应向四周分布均匀，前后、高低、左右位置穿插错落，距离合理，争让得体，有主有从，透视关系好，且有纵深感、立体感。树在画面的立体位置不掩盖重叠，便于立意造型、构图出景。枝干有弯曲、穿插，有纵深横直配合，而且有根的表达为最佳。

一本多干由于干数多，干与干之间空间相对较小，造型可用简洁写意的枝条处理手法，力求枝条的位置关系布局好，粗细与树干的尖削度过渡比例适当。树干传统要求多取奇数，有利于布局配合。

设计时先放在一边试排，确定好主宾、高矮、藏露、疏密，最后确定理想的布局。如布局为两组，以一组为主，相对来说要高大一些，另一组为辅，要低矮一些。以大小、高低确定主次、位置，可一组稍近，一组稍远。如三组者应两组稍近，一组较远。在平面上位置要摆适当，切忌成直线或等边三角形。树木也不要等距离栽植，要有疏有密，大小主次分明，参差起伏，近大远小，彼此呼应。栽植时还要注意自然的真实性，如林边树多偏冠，阳性树高，阴性树较矮，灌木丛应在乔木下栽植等。栽后培土时，要使表面有高有低，地形要有起有伏，切忌平坦。丛林式盆景还可制作成小桥流水、草地湖泊，也可适当配置亭、台、楼、阁等丰富多彩的内容，以赋予作品各不相同的意境。

4.2.4.3 枯艺盆景构思设计

设计时要注意树干的软硬程度、韧性、弹性和树种以及主干的粗细。因此，要选择好何枝作为神枝，干的哪一部分作为舍利干，自然界的老树，经过雷击、风霜雪雨、落石和病虫害的摧残，树体一部分枯萎，树皮剥落，木质部呈现白骨化，这种山野中自然形成、树干或枝条先端树皮剥落的，称为自然"神枝"；而干身部分木质部白骨化的称为"舍利干"。后来，这种自然现象被引入盆景创作中，人们选择松柏类木质部坚硬不易腐烂的针叶树种（阔叶树木质部较为松软，不宜用），把多余的枝或枯枝加以人工处理，剥掉皮创作成人工的"神枝"；再把树干部分剥皮，使吸水线迂回扭转，形成人工"舍利干"。这是桩景创作中常用的技术。要反复思考，构思好整体调和的形态及长短，并留下树木本来的木纹，尽量模仿自然，切忌草率下手。吸水线的位置将严重影响树姿将来的发展。构图时可先考虑吸水线的方向在何处，以何种角度扭转，然后用粉笔在树体上画线，再观察整体效果，确定出设计方案。

（1）划刻吸水线

剥皮创作吸水线，应选择树势强健的材料，以 3 ~ 5 月份进行为宜，此时树液流动活跃，切口较易愈合隆起。操作时要先用利刃把吸水线划刻清楚，刀口要平滑。有时为了显现吸水线的层次感，可在一开始留稍宽些，隆起后再修小，最后剥掉树皮。注意不要只留一条吸水线，否则时间一久，吸水线长圆变粗，会与舍利干脱离开来，所以吸水线最好能留 2 条以上。如果留 2 条，位置应在干正面左右略向前的部位，这样树干正面才会继续长粗；如果留 3 条，1 条应在干后面，呈斜三角形。吸水线切忌做横向回转，否则不仅违反自然规律，有碍观瞻，还影响植株的生长发育。

（2）制作神枝与舍利干

为表现神枝的形态优美、格调自然，神枝的长短、粗细、角度、形状应有变化。制作神枝要尽量选择分叉较多的树体，可先将枝梢剪去，然后再用刀削至木质部，把枝梢削尖，彻底去掉树皮，并加以雕刻，力求自然。或选取野外枯烂檵木树材，先锯剪多余的枝、根，再用钢丝刷反复拉擦腐朽的木质部，使枯干部不朽、不烂，坚硬如铁。

（3）神枝和舍利干的雕刻

神枝和舍利干的雕刻分为粗雕、完全雕、细磨三个阶段。雕刻以冬季树液流动缓慢期进行为宜，应避开炎热的夏季，以免影响植株树势。雕刻时，线条按照木质纤维流动，尽可能留住坚硬的褐色木质，在白色松软的部分进行作业。首先进行粗雕，即用锯、凿、锥先进行挖洞、剪裁和做粗沟线等。然后进行完全雕，即利用电动工具加以修饰，挖小洞，做细沟线等。最后进行细磨，即用砂纸把雕刻后的表面磨平、磨光，消除人工痕迹，保持其自然美态，也可选用小规格喷砂机进行细磨。雕刻后，应多喷叶面水，并置于阴凉处。

（4）养护神枝、舍利干

① 春秋季节进行两次表面清洁，防霉变和腐烂。

② 保持表面干燥。

③ 涂药保养　先用快干胶涂抹表面，增加其硬度，防止水分渗透，再涂上五氯苯酚（PCP剂）、石硫合剂或水性水泥漆。

4.2.4.4　提根式盆景构思设计

（1）选桩

整个桩材的高度不低于30cm，根、干两部分的长度比应为 2：1。根若过短难以显示其强劲有力的根爪效果；要有 5 ~ 7 根及以上的虬曲有力根爪，根爪太少则显得单调，成型后桩姿也显得不稳、空虚无力；根爪间距开合适度，既不能过拢，也不可太向外扩张，要紧凑得体，分布协调又不显得松散；桩材最好能向一边倾斜并稍有屈曲变化，以便在后期制作时增强画面动势感及变化力度；桩材的粗度，最好不要大于根爪范围，避免给人头重脚轻的感觉，因此，应尽量把握各部位的比例匀称自然。

（2）创面处理

栽植前将桩材的所有破口修剪光滑，涂抹或浸泡杀菌剂和生根激素，防止细菌感染腐烂，利于伤口愈合，早发新根。将观赏面修剪平齐，既有利于栽种，又便于后期提根上观赏盆能够稳定。处理后，视其新鲜程度，适当地置于水中浸泡一段时间，以弥补采挖及运输过程中所失水分。

（3）根系蟠扎

人工繁殖材料自幼就应该根据其造型进行根部处理。如播种苗要切断主根促进侧根生长，使其横向伸展，以适应今后在较浅的盆内栽培。将根部盘曲，再用金属丝扎缚固定后，栽于土中，以后铁丝锈蚀，树根形态也就盘曲不变了。也可根据需要将树根用金属丝固定在薄木板上，再连木板一起栽在土中，1 ~ 2 年以后粗根已向四周伸展浅根，此时可将其栽于只有 1 ~ 2cm 深的浅盆中。

4.2.4.5　风吹式盆景构思设计

风吹式桩景的制作，提倡先构思后加工，忌漫无目的地左拐右曲。风吹式桩景的造型，关键应在"风吹"二字上下功夫，只有抓住逆枝和偏冠的造型特征，风吹的劲势才能表现得淋漓尽致。风吹式盆景的动感是通过"风吹枝"伸展表现而来的，"风吹枝"是指人工有意模仿自然界里风吹感觉的造型枝。其利用枝斜飘的方向，打破整体重心，使主体失去平衡而增强动感，从而突出"虽由人做，宛如天开"的风吹景象，并以"动"贯穿画面。逆风式的单干高耸型设计图，要求树干逆风飘斜，风流潇洒。

（1）创作风吹式树形骨架

首先，年内完成树形骨架。设计蓝图确定后，在年内可进行树干、树枝蟠扎，修剪整形，完成风吹式的树形骨架。根据蓝图选择干上的造型枝（图 4-2-2）。图 4-2-2（b）是高耸风吹式桩景，其造型枝应选取主干上半部分的枝，把下半部分的枝和其他多余的枝截除[图 4-2-2（c）]。枝截剪后，对干、枝进行蟠扎造型。用适当型号的铁丝缠绕干、枝，若主干倾向右方，铁丝顺时针方向缠绕，缠绕角度以 45°为宜；如主干向左方倾斜，则应逆时针方向缠绕[图 4-2-2（d）]。逆枝应在树干上充分伸展后再逆转，从而增加其动势。所有逆枝应保持平行，不得高低杂乱[图 4-2-2（e）]。偏冠即树冠打破一般树形的均衡布局，使枝叶明显向一侧倾斜，以配合逆枝增强其风吹的动势，实际上把冠当作逆枝"云片"制作[图 4-2-2（f）]。一般一年内即可完成风吹式树形骨架的制作[图 4-2-2（g）]。

其次，两年内完成"云片"。2 ~ 3 年内，主要拆除整形的金属丝，进行小枝修剪，蓄养"云片"。"云片"形状呈前尖后圆似椭圆状，中间略凸起，周围略倾斜。所有"云片"方向一致，"云片"与"云片"上下之间保持平行。待"云片"成型后即可上细盆[图 4-2-2（h）]。

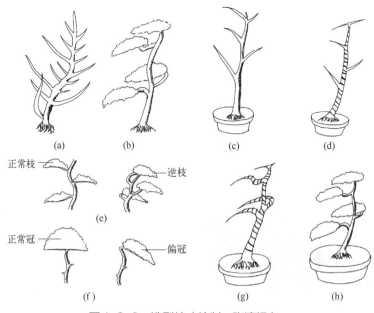

正常枝 —— （e区域标注）—— 逆枝

正常冠 —— （f区域标注）—— 偏冠

图4-2-2　造型枝（绘制：张清扬）

（2）上盆修饰

风吹式桩景成型后，植于椭圆形或长方形紫砂盆内，如逆风式逆枝向左倾斜，树桩植于盆右面，不使逆枝飘于盆外，失去重心。左面留有一定的空间，进行设石或摆件点缀，可丰富盆面景观，提高盆景的观赏价值。

4.3 · 山水盆景

山水盆景（图4-3-1）主要表现人类生活环境中的自然景象，是自然界山水景观的再现。

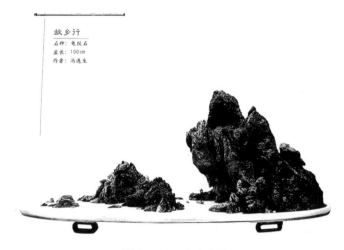

图4-3-1　山水盆景

它的创作过程是在立意构思的基础上，通过选择适当的石料，再根据造型规律艺术地组合布置加工而成。

■ 4.3.1 山水盆景的分类

山水盆景根据盆面展现的不同情况以及造景特点做进一步的分类，通常可分为水石盆景、旱石盆景和挂壁盆景三种类型。

（1）水石盆景

水石盆景，盆中以山石为主体，盆面除去山石，其余部分均为水面。山石置于水中，盆面表现峰、岳、岭、崖等各种山景及江、河、湖、海等各种水景。盆面无土，在峰峦缝隙或洞穴内放置培养土，以栽种植物，土面上铺上青苔，不露土壤痕迹。还可适当点缀亭、桥、舟、房屋、人物、动物等配件。

水石盆景的管理较为方便，山石上栽种的草木一般都很小，价格也较为低廉，若管理不当枯死还可重新栽种；山石上也可不栽种草木，置于室内观赏。

水石盆景用盆一般为浅口大理石或汉白玉盆，欣赏时可以从山峰的坡脚逐渐至峰巅，以增加欣赏效果。

（2）旱石盆景

旱石盆景，盆中以山石为主体，盆面除去山石，其余部分为土面或砂。山石置于土中或砂中表现无水的山景。植物可以种植在山隙间或盆面土壤内，盆面一般铺上青苔，再根据主题需要点缀人物、动物、屋舍等配件。旱石盆景适宜于表现大地与山峰共存的山景，还可表现牛羊成群、广阔无垠的草原，以及驼铃声声、令人神往的沙漠景观。

旱石盆景的管理要注意经常朝盆面喷水，以保持盆土湿润，使植物和苔藓生长良好，绿意盎然才有真实感。

旱石盆景用盆一般以较浅的大理石或汉白玉盆为好，浅盆可使山峰无比雄伟壮观，大地更加广袤无垠。堆土时要注意地形变化，做到前浅后深、起伏自然。

（3）挂壁盆景

挂壁盆景的主要特点是山石贴在盆面上组成如山水画似的山水景观。其盆挂在墙壁上或在桌上靠壁竖置，这是山水挂壁盆景与一般山水盆景的显著区别。它是将山水盆景与贝雕、挂屏等工艺品相结合而产生的一种新的形式。

挂壁盆景在制作中其布局不同于一般山水盆景，在造型、构图及透视处理上均与山水画相似。

挂壁盆景用盆一般以浅口的大理石盆、紫砂盆、瓷盆、大理石平板等为主，根据需要可取长方形、正方形、圆形、扇形等。制作时可利用大理石的天然纹理，来表现云、水、雾气等自然景观。石料软质硬质均可，无论用哪种石料，都需要对石块进行切割、加工成薄片，然后将其胶合在盆面上，并留下间隙栽种植物，使之成为一幅具有浮雕效果的立体画。

■ 4.3.2 相石构思

4.3.2.1 原则

（1）因意选石，意在笔先

也就是说在选石以前，首先要根据创作的意图，确定选择石料的种类，然后再构思创作。

例如，要表现山如斧削、形同壁立的石林景观，就要选择坚硬的斧劈石、木化石；若要表现庐山、太行山一类具有块状或节理的断块山，则应选择有明显横纹的砂片石、横纹石、千层石、芦管石；如若表现江南一带土层丰厚、植被茂盛的褶皱山，可以选择吸水长苔的软石类；若要表现华山、黄山或雁荡山一类垂直节理十分明显的断块山，则应当选择石质坚硬、纵裂多皱的锰矿石；做雪山选用白色的钟乳石或海母石；做具有丹霞地貌的武夷山宜选用带赤色具横纹的岩石。此外做春山、夏山、秋山，还可选择带有瘢痕易生苔藓的树根、树皮；做夜山、雨山或逆光山，则宜选择色黑、疏松、易吸水长苔而显得丰润华滋的木炭。

（2）因形赋意，立意在后

硬石类加工起来较困难，而且不易雕琢，因而在创作中，常常根据形状赋以意境，局限性很大，不能随心所欲。所以制作时要根据原料的形状，设定意境。

（3）依图施艺，随心所欲

对于软石类如海母石、江浮石、砂积石等，可以根据山水盆景的立意，随心所欲雕琢造型，局限性较小。

4.3.2.2 山峰的基本造型与布局的基本形式

对于每一座山峰来说，其造型式样主要有立峰、悬崖、斜峰和折带四种，如图 4-3-2 所示。

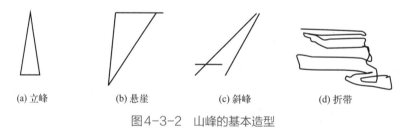

(a) 立峰　　(b) 悬崖　　(c) 斜峰　　(d) 折带

图 4-3-2　山峰的基本造型

对于山水盆景来讲其布局形式主要有单峰、双峰、三峰、群峰四种，如图 4-3-3 所示。

(a) 单峰　　(b) 双峰　　(c) 三峰　　(d) 群峰

图 4-3-3　山峰的布局

4.3.2.3 相石构思一般步骤

（1）观察

观察包括两个部分内容，一是对社会生活和自然界山水景观的观察，二是特指对山石材料的感性认识。

要想制作出高档次的山水盆景，首先要认真观察特别是自然界山水风光的景色特点，也就是说要多看，只有在多看的基础上才能做到胸有成竹，才能在制作过程中运用自如。常用途径主要有视频观看、实景观察（自然山水、人工盆景）、书本学习三种。

此外，就是特指对各种各样石料的观察。从天然石料变为盆景艺术品，必须对原始石料进行仔细的观察，捕捉石料的天趣特征或自然特征。石料的天趣或自然特征主要表现在山石的色泽、形态、动律、皱纹、质地、韵味等方面。

（2）想象

想象就是把感性认识到的信息，在大脑中进行复杂的处理的过程。想象可以使人认识到事物内在的本质联系。盆景艺术家正是依靠自己的想象力，才能使作品远远超出"一般事物简单平淡的统一性"。

山水盆景的想象活动远不如文学、雕塑创作活动中的想象那么自由和不受限制，因为山水盆景的艺术想象活动往往离不开具体石料的形态，尤其是硬石类材料更是如此。

（3）灵感

灵感在山水盆景创作构思过程中，是形象的孕育由不成熟到成熟的表现，也是盆景艺术家在构思过程中所产生的强烈的创作欲望在形象上的体现。灵感是以观察和想象力为基础，是观察、想象的必然结果。盆景艺术家的生活经验、创作经验越丰富，想象力越丰富，获得灵感的机遇和可能性就越多。缺少或不注意对社会和自然山水的观察，一般不容易产生灵感。

灵感经常是在盆景艺术家高度紧张地进行构思的过程中出现的，它来临的突然性，实际上是盆景艺术家长时间艰苦构思过程所达到的某一个突变点在艺术家心理上的反映。灵感是对艰苦劳动的奖赏。

随着灵感的出现，往往"腹稿"也随之酝酿成熟，在此基础上勾画出设计草图，即可进行艺术创作。

▪ 4.3.3 山水盆景制作技艺

（1）相石与选盆

首先要根据创作的意图，确定选择石料的种类，然后再构思创作。选石是前提，相石是基础，制作是关键。

相石就是对石料进行认真观察、细心审度并按照美学原则（形式美法则、意境美法则）进行石料筛选和艺术构思的过程，也是盆景艺术家在得到感性认识后在头脑中孕育出山水盆景艺术品的外观形象所进行的形象思维过程。

一般山水盆景的用盆多使用浅口盆，以 1cm 左右为宜。盆钵过高则妨碍立意。

（2）切割锯截

① 长条山石的锯截　硬质长条形石料，如果两端均具有山岭形态，在锯截时可巧妙地分为一长一短、一大一小、一高一矮，高的为峰，低的为峦或远山，从而获得两块好的石料。

如只有一端姿态较好，如钟乳石等，应根据造型最大限度地保留好一端，截去另一端。

② 不规则山石的锯截　对于不规则山石，粗看浑然，一无是处，但如反复审视，就会发现其虽然不规则，但四周多棱状凸起，山峦丘壑藏于局部之中，如巧妙地将其截为几块，即可得到几块大小不等、形态各异、姿态不一的石料，或作峰峦，或作远山，或作礁矶，或作岛屿，可量材取用。

③ 各种平台的锯截　平台、平坡、平滩在山水盆景坡脚处理中具有独特的作用。有时在选石时也能发现天然平台石料，但优者少见。如在截锯时将一块石料按厚薄不等截成数块，也可获得各种平台。

（3）雕凿

制作山水盆景时，不论是因意选石，或因石立意，一般来讲，石料的形态和纹理都不会完全符合要求，这就需要雕凿。雕凿要根据设计构思和石料本身的纹理来进行。

小山子为一头平头、一头尖头，可点凿、劈砍、擦点、刻划。几种手法结合，可让山形更自然。用小山子还可皴纹理、凿山洞。

錾子可用来加工石料上的孔洞和表面皴纹，也可凿平石底，刻皴纹。

锯条常用来加工石面直纹和条柱峰形。

雕刀一般用于精细加工，主要是仿照自然山石的纹理进行刻划，使皴纹更逼真。

钢丝钳用来加工山石的边缘轮廓。

① 软石雕凿　软石雕凿好比在一张白纸上绘画，可以随心所欲地雕出各种造型和各种皴纹。软石雕凿可分为两步进行。

a.打轮廓：根据腹稿或设计图纸，可用小斧头或平口凿出基本轮廓，只追求粗线条和大体形状，也称为基本造型。

b.细部雕凿：软石料皴纹的雕凿多用小山子（或螺丝刀代替），或用锯条拉，或用雕刻刀雕刻。对于天然皴纹可保留的石料，在加工时要使雕刻纹与天然纹协调一致，尽量不露人工痕迹。

不同造型的雕凿方法也不尽相同，一般峰峦雕凿的刀法是由低而高，由前而后，皴纹一条一条地雕上去，形成一层一层的山峰，每一条皴纹的刀工是由上而下的，就像用毛笔写皴纹一样；对于坡脚处和悬崖处，刀工多是由下而上，由外而内，而且要特别当心，轻轻雕凿，以防悬崖处断裂。

② 硬石雕凿　硬质石料质地脆，雕凿不易，一般多把功夫放在选石上，常常不雕或把雕凿当作一种辅助措施。其雕凿要用钢凿或钢制小山子，凿时用力要适度，凿子顺着自然皴纹移动，宜小不宜大，应一凿接一凿，宁肯多凿几下，也不可操之过急，否则石料会出现一片片碎裂，很不自然。

一般石料主要加工观赏面，但也要考虑侧面，对于山体的背面一般不加工。雕凿时还要考虑种植槽，但一般多选在山侧凹进去的部分或山脚乱石、平台之后，也有留在山背面的。

（4）腐蚀修饰

腐蚀处理一般有两种情况，一种是想造成一种特殊意境或特殊环境（如雪景或梦境），而采用稀盐酸或稀硝酸对石料表面进行腐蚀处理，以达到预期效果。另一种是用钢丝刷刷去硬石料人工雕凿留下的痕迹。

（5）拼接胶合

拼接胶合是设计造型的基本要求。将数块石料拼接起来，胶合牢固，是山峰成型的最后一环。制作大型山水盆景时，缺少或没有大料，就要把小块石料进行拼接。有时在加工过程中不慎碰断某一部位，也需要采取拼接胶合的办法来补救。在造型上存在某些不足也可通过胶合来弥补。还有一些盆景只有与盆体胶合在一起才能立稳。所以拼接胶合是山水盆景制作时的重要环节之一。

① 拼接胶合的方法

a. 水泥胶合法　水泥有不同的标号，标号越大胶合的强度也越大。但一般盆景胶合时用400号以上水泥，按2∶1配比配制水泥砂浆。微型盆景也可不加入沙子。胶合好后小型盆景3～4天可移动，大中型盆景需要10天才能移动，巨型盆景需要20天才能移动。如急于移动会前功尽弃。

b. 化学胶合法　采用107胶、4115胶、强力万能胶等胶合剂。对小型盆景可直接用胶合剂将两块石料胶合在一起（压紧捆绑12h）。对于大型盆景应将胶合剂与水按1∶3的比例混合后加入水泥进行胶合。

c. 环氧树脂胶合法　微型盆景最好使用环氧树脂胶合，因为使用水泥胶合显得太粗糙。

② 石料间拼接胶合　石料间胶合可组成一定造型的峰峦。拼接前先处理好拼接部位，通过锯雕使拼接部位相吻合。胶合时，先捆后胶，也可以先胶后捆。先捆后胶的具体做法是：先将要拼接的石料捆扎固定，再用小刀挑水泥往石缝中填充；填满后再刮去多余的水泥，并用毛笔蘸水洗刷缝口附近的石面，把缝口外的水泥痕迹洗掉；最后在缝隙间撒上石粉，以掩盖痕迹。先胶后扎是捆扎之前，把两块山石的胶接面涂上适量水泥，把它们合在一起，轻轻磨动，使山石与水泥紧密结合；然后用铅丝或绳子捆扎好，清除水泥痕迹并撒上石粉。

③ 固定胶合　有的石料成型后，不能自立于盆中，须把石底与盆面胶合在一起或用胶合剂填平石料底部，以使山石平稳地立于盆面。当峰石并不悬险、石底不是很平而又无法锯平时，可采用垫纸胶合。胶合时，先按盆面形状剪一张纸，浸湿后放在预定位置，按形状涂上适量水泥，稍用力压一下，从石缝边缘挤出多余的水泥并清洗掉，水泥稍干用小刀刻削水泥缝表面，使缝口与石料底边缘相吻合，最后撒上石粉。对于高耸、悬险的盆景造型，石底必须粘在盆面上，峰石才能立于盆面，此时宜采用不垫纸胶合法。但具体操作时，要设立支柱以保持胶合牢固前的稳定。

④ 胶合中应注意的问题。

a. 胶合前要对胶合面做预处理。可用钢丝刷清洗胶合面，对于过于光滑的表面还应做磨毛处理。

b. 胶合石料要注意纹理一致。

c.接缝处理要与石料协调。可用颜料调色勾缝，也可用同样的石粉撒在胶面水泥缝上。

d.胶合后必须在一定的时间内进行保湿养护，不可在烈日下暴晒，以免影响胶合强度。最好的方法是，胶合好后盖上湿布，移至阴处，定时往湿布上洒水，以使水泥很好地凝固。

（6）点缀植物

植物点缀多以矮小、叶细的为好，木本草本均可。常用的木本植物有五针松、小叶罗汉松、真柏、绒柏、瓜子黄杨、六月雪、杜鹃、虎刺、榔榆、雀梅藤、小叶女贞、小石榴、金雀、福建茶等。常用的草本植物有半支莲、天胡荽、漆姑草、酢浆草和蒲草等。

（7）点缀配件

自然山水与人的活动分不开，所以在山水盆景制作中，盆景配件虽然很小，但却能起到很大的作用，如扩大空间效果，表现特定的环境，创造优美的画境和深邃的意境等。

配件安放时要注意以下几个问题：

① 因地制宜，宜亭则亭、宜榭则榭。

② 以少胜多、不可滥用，一般只放一两件。

③ 要注意各部的比例关系。山石与配件的比例关系是配件越小，山体越大。与树木放置在一起时一般要小于树，古塔除外。配件与配件的关系，应掌握远小近大。同等远近时人不能大于亭、阁、房室，桥不能小于船。

④ 配件固定因质而异。石质和陶瓷配件用水泥固定，金属配件用万能胶固定，而小船等水中配件需要用小片玻璃黏结在船底，放于浅水中，犹如船浮于水面，形象逼真，效果较好。

（8）检查

① 检查山峰的锯截和安放是否符合要求。

② 检查安放配件和植物的数量是否过多。

③ 检查拼接胶合是否得体。

（9）盆景命名

① 题名法

以形命名：按盆景的形象命名。

以意命名：按盆景的立意命名。

以诗题名：用诗词佳句题名。

以画题名：根据名画的画意题名。

以文题名：以文史、典故题名。

以景题名：以风景名胜题名。

以树题名：以树名和花名题名。

以时题名：以时代精神命名。

② 题名注意事项

要含蓄，忌直露。含蓄发人联想，直露一览无余。

要切题，忌离题。题名必须与景物紧扣。

要有诗情画意，忌平庸一般。

要形象化，忌概念化。

要有声有色，忌平淡无光。

要有律动感，忌死板。

要精练，忌烦琐。

要突出特点，忌面面俱到。

4.4 · 树石盆景

树石组合盆景以植物、山石、栽培基质为素材，用树木盆景和山水盆景的创作手法，将素材元素立意组合成景，在盆盎中再现大自然山水、树木之自然神貌（图4-4-1）。

完成石材与树木的造型之后，便可进入树石结合成型的制作阶段，树与石的恰当结合，是树石盆景整个制作工作的结晶和成果。因此，树石结合不是简单的凑合或随意的搭配，而是按照整体造型设想，把树和石恰当、自然地结合起来，融为一体，使创作的主题和意境得到充分的体现。

图4-4-1　树石盆景

■ 4.4.1　树石盆景的特点

（1）用材

树石盆景的用材主要是树木和具有一定观赏价值的石块。中国人很早就懂得欣赏、把玩石块。东汉许慎认为玉石之美有五德："润泽以温，仁之方也；鰓理自外，可以知中义之方也；其声舒扬，专以远闻，智之方也；不挠而折，勇之方也；锐廉而不忮，絜（见"洁"）之方也。"所谓君子五德如玉，即"仁、义、智、勇、洁"。可见美石在中国人心中占有相当重要的地位。将石和树组合成一体也是中国文人所特有的写作对象。

在树石盆景中树木占有主体位置，石占陪衬的地位。树可多木，石亦可多块，这完全由作品所要表达的主题和意境所决定。树石盆景可表现大的主题、大的气魄、大的景观，也可剪取现实景观的一角，以小见大反映社会特征和时代气息。其表现形式是多种多样的，构图是多姿多彩的，造型是千姿百态的，内涵是多重而丰富的。

（2）构图、布局、造型

① 抱石型　抱石型构图、布局、造型的特点是树占主体，石多为单独可赏的个体，树与石组合成为总的主体，其构图、布局、章法与单一桩景无异，常见几何形都可成为其构图轮

廓。桩景中的各种技法也可运用其中。雄、秀、清、奇各种不同的造型，不拘一格，应有尽有，树石一体，你中有我，我中有你。

② 傍石型　傍石型是由旱石盆景演变而成，其构图、布局、造型的特点同旱石盆景基本一样，并与中国山水画中的平远、高远、深远之构图法则相同，可开可合、可露可藏，随意而为，妙在自然有趣，妙在个人情感以及个人的表现。

③ 盆石一体式　自然界中一些石块由于年代久远而呈现大的空隙、凹洞，形成可存储泥土的空间，作者可充分利用这一有利条件，把树桩种植在内，使作品真正成为自然界树石奇景的缩影。树因石而秀，石因树而奇，彼此相依，共存共荣。其构图、布局、造型特点要依据石的形状、大小而定，石大树小的石占主导位置，树高石矮的一般树占主导位置。其构图、布局、造型必须因材而异，随机活用，没有特定的模式。

中国盆景立意在先，因意选材，或因材立意，按意造型，随意生情，情随景出，这是公认的最基本的创作方法。

中国盆景的意境美、自然美、创作技艺美、内涵美的高度融合和集中体现，就是盆景艺术的真谛。盆景艺术美的享受是通过观、品、悟，从形象美而进入到意境美的过程。

领悟中国盆景的创作方法，知道中国盆景艺术的真谛，从而得到享受盆景艺术的乐趣，这就具备了分辨工匠与艺术家的标准，也有了赏析盆景的本钱。

（3）配盆

树石盆景的配盆与树桩盆景、水旱盆景区别不大，多用中、浅长方盆。圆形盆、特浅玉石盆，依主题、造型需要而定。至于盆石一体的造型则是树石盆景这一形式中所特有的。

（4）饰物

树石盆景属多样组合盆景，为了表现多样的主题，多配用饰物加强装饰。所有物件必须为主题、内容、意境的产生服务，应点到即止，不可画蛇添足。

（5）摆设

树石盆景一般情况下用土较少，用材又是已经成型的有一定年限的树木。故摆设的环境一般不宜光线过强，用自动喷雾管理更好。在室内摆设最好放在有散射光的地方，7天轮换一次。

总之，树石盆景有它自身的特点，必须尊重其特点、特性才能展现造型的优势，否则适得其反。

■ 4.4.2　树石盆景的类型

树石组合盆景有旱盆景、水旱盆景、附石盆景三大类。

（1）旱盆景类

旱盆景以植物、山石、土为素材，分别应用创作树木盆景手法，按立意组合成景，并精心处理地形、地貌，点缀亭榭、牛马、人物等配件，在浅盆中典型地再现大自然旱地、树木、山石兼而有之的景观。但旱盆景不同于树木盆景，是旱地（地形、地貌）、树木、山石兼而有之的景观，意境幽静，如诗如画，可分为自然景观型和仿画景观型。

（2）水旱盆景类

水旱盆景以植物、山石、土为素材，分别应用创作树木盆景手法，按立意组合成景，并精心处理地形、地貌，点缀亭榭、牛马、人物等配件，在浅盆中注水，典型地再现大自然水面、旱地、树木、山石兼而有之的景观。水旱盆景综合应用树木盆景、山水盆景之长，意境幽静，如诗如画。其表现手法有水畔型、溪涧型、江湖型、岛屿型和综合型五种。

（3）附石盆景类

附石盆景以植物、山石、土为素材，分别应用创作树木盆景、山水盆景手法，按立意将树木的根系裸露，包附石缝或穿入石穴组合成景，并精心处理地形、地貌，在浅盆中典型地再现大自然树木、山石兼而有之的景观。其表现手法分根包石型和根穿石型。

■ 4.4.3　树石盆景用石加工

4.4.3.1　山石锯截

（1）细致观石

在观石前先用笤帚或用铁刷子除去山石表面尘土等不洁之物，使山石的纹理、沟槽更加清晰可见。观石不仅要找出山石最好看的一面，还要找出山石的特点，确定最佳的观赏角度。常见自然形式的山石，多呈一头大，一头小，不规则的菱形或圆锥状。

（2）画出锯截线

在山石锯截前，一定要先画出锯截线，再用金刚砂轮锯截，以免锯偏。山石锯截后，基部形成平面，可以稳稳站立。

（3）硬质山石的锯截

龟纹石、燕山石、英德石等质地坚硬的山石，要用金刚砂轮锯截。锯截时因锯片转动快，摩擦山石产生大量热量，此时一定要向锯截山石缝隙处洒水，以保证操作安全。如被锯截弃去的山石较小，保留部分较大，操作者可用脚放在保留山石上加以固定，手持金刚砂轮锯截。或用绳子把被锯的山石牢固捆绑在凳子上再锯截。使用台式锯锯截更加方便。

（4）松质山石的锯截

用手锯锯截：操作时手要拿稳，开始要慢，当把山石锯到一定深度后，再加快锯截速度。

4.4.3.2　雕凿沟槽

（1）用小山子在松质山石上凿出沟槽

用松质山石制作抱石型树石盆景时，常根据树根数量及形态凿出沟槽。操作时，沿已画出的沟槽线用小山子凿出较浅的轮廓（即宽度、拐弯、长度），然后再用锐利圆锥状端把山石一小块一小块凿除。凿时用力不可过猛，要根据山石大小选择适宜的小山子。如用大号小山子凿小块山石，易使山石断裂或凿掉的量过大。如用小号小山子在大块山石上凿沟槽，则会因力度不够费工费时。

（2）用錾子在硬质山石上凿出沟槽

錾子是用高强度的钢材加工而成的，呈长条状，前端呈刀状或锐利圆锥状，后部大而平。雕凿沟槽时，将前端刀状部放在要去除的山石部位，使錾子和山石呈45°左右的角，用大小适宜的铁锤敲击錾子的后部，用力要适宜，同时要注意安全，防止被溅落的小石块碰伤。

在硬质山石上凿沟槽，很少有整个沟槽都是人工雕凿而成的，一是因为费工，二是因为不自然。大部分硬质山石材料的沟槽上下不贯通，把中间一段经过加工，可使其贯通，树根则沿沟槽从山石顶部向下伸展到盆土中。另一种情况是山石原有孔洞不够大，树干或树根难以通过，经过雕凿使孔洞加大，使树干或树根能够通过。

4.4.3.3 树石盆景山石胶合

山石胶合与山水盆景山石的胶合相同。唯一不同的是有些山水盆景中的山石胶合必须在山石下面垫纸，以免山石同盆面胶合在一起；而树石盆景中的山石则必须完全胶合在盆面上，使旱地与水面截然分开，使盆面中的水不至于进入旱地盛土部分而影响树木生长，而旱地部分的泥土也不能污染水面，弄脏盆面。

为使石头拼接处更加吻合，要把石头表面清洗干净。然后把石头胶合在盆中原先定好的位置上，用水泥将每块石头的底部抹满，要注意石块与盆面的紧密结合和石块之间的结合，以免出现漏水现象，可以将旱地的一面多抹些水泥，并检查，如发现漏水，及时补上水泥。检查可在水泥干后，在盆中的另一面放水，观察是否存在漏水现象。

如水泥漏在石头外面，要及时用小毛笔或小刷子蘸水刷净漏出的水泥，保持石头外面和盆面的清洁。

如选用的是软石类石头作坡岸，则必须在近土的一面抹满厚厚的一层水泥，以防止水的渗漏。

胶合时应选用高标号水泥，用水调和均匀后即调即用，为了增加胶合强度，一般都要加入一种增加水泥强度的掺和剂，如107胶水，也可以107胶水为主，适量加些水。在调拌水泥时，可加入各种深浅的水溶性颜料，以尽量使水泥的颜色与石头相似。

■ 4.4.4 树石盆景的制作

4.4.4.1 旱盆景制作

（1）选石布局

宜选用自然风化、呈多层纹理的岩石，横放在盆中。布局常采用偏重式，主体偏右或偏左并适当靠后，客体放置在另一端，适当靠前一些，主客体不可在同一条平行线上。论其高度，客体是主体的二分之一左右为宜。

（2）选配盆钵

山景制好后，根据山景大小来选择合适的盆钵（也有根据盆钵大小选石配景的），以长方形汉白玉浅盆为佳。如日后盆内不种植植物可用木制盆钵，不但经济而且搬动方便。用白水泥制成的浅盆，经磨光上蜡，酷似汉白玉盆，有以假乱真之感，且价格便宜。

（3）种植点缀

可在山石间或山石旁，栽种耐旱小植物。在点缀配件时不但要注意比例关系，数量也不宜多，还要做到有露有藏。

4.4.4.2　水旱盆景制作

（1）选树

水旱盆景盆浅，容量有限，但往往需要栽植多株植物，环境对植物生长具有较大影响。因此，制作水旱盆景必须选择适合的植物。水旱盆景所选取植物的标准为：根系发达，枝叶细密，萌发力强，树形自然优美，适于剪扎造型，生命力旺盛，适应性强。通常以木本植物为主，有时也选用草本植物。盆中植物应保证风格统一，有大小、高矮、主次之分。不一定追求单株的完美，但整体的艺术效果必须突显。那些造型不完美的单株，甚至有明显缺陷的树木，经过点石配景，拼栽组合后，反而易形成优美动人的构图。选用的树木，最好是经过盆栽培养的，因其有成熟的根系，栽植容易成活。此外，还应根据表现题材、艺术风格以及土质、气候等因素进行选择。

（2）选石

水旱盆景中，山石是树木的伴侣，能反映水面景色及地貌特征。制作水旱盆景通常采用质感好、不易透水的硬质石料，如英德石、龟纹石、宣石和石笋石等，如选用砂积石、芦管石等松质石料制作水旱盆景需要作防渗透处理，即将放土一侧的石面上涂布水泥。不同的石种，其质地、性状、纹理和色彩各不相同，选用什么石种应根据作品表现的内容而定。通常情况下，一件盆景作品中最好选用同一种石料，而且要注意质、形、纹和色的协调统一。水边放置的石料要平缓、光滑，宛如久经河水冲刷形成；用于坡岸和水面的石料，需将其底面磨平，使之与盆面紧密贴合；陆地散置的石料，要与树木配合成景，散点石块的错落隐现，不仅是构图的需要，更是自然风貌的写照。

（3）选盆

制作水旱盆景宜选用较浅的大理石盆，盆沿深度通常在 1cm 左右，盆底不需排水孔，既可以贮水，也便于表现水景。盆浅能突出曲折婉转的水岸线，正所谓"山因水活，水随山转"；盆浅也可使盆内景色不受干扰地呈现在观众面前；浅盆即使没有排水孔，植物也不会因盆土积水而影响生长。大理石盆的体表有隐约的条纹，可以营造出特殊的视觉效果，犹如水中的波纹，显得自然有趣。素色盆钵，宛如一张白纸，能将树石组成的"画"衬托得淋漓尽致。盆的形状以长方形和椭圆形比较方便布局，适宜表现各种优美景色。长宽比根据盆内的景物及布局而定，若需突出盆景的纵深感，可加大盆的宽度，甚至采用圆形盆或方形盆。直边的盆有方正、干净利落的感觉；弧边的盆，有柔和、无边无垠的感觉。总体来讲，以简洁大方为好，个性的异形盆不宜做水旱盆景。

（4）整理树木

制作水旱盆景的树木材料为了使其姿态符合造景要求，需要进行一定的加工整理。加工可采取蟠扎与修剪结合的方法，既要考虑树体本身的姿态和风韵，又要考虑构图布局的需要。

若是多株树木合栽或丛植，则应整理出相互间的主从、争让关系。若遇到根系影响栽植的情况，还应对根系做适当的修剪或蟠扎，使之能方便栽种于浅盆中。

（5）设计布局

布局是制作水旱盆景的重要一环。可先将选好的树木放于盆中适当位置，再摆放山石，设计出曲折的坡岸。

4.4.4.3 附石盆景制作

（1）试植

树木在正式嵌植前必须进行试植，目的是防止嵌植后出现树石的结合不够协调，且反复进行位置或方向上的变换调整，会导致树木根部受到严重损伤，进而影响树木的成活。试植的方法是把已经造型的树木从盆中倒出，抖出泥土，理顺根部，置于石体上，从不同的朝向、不同的嵌植位置进行试植观察，从而确定树石结合的最佳位置和朝向。通过试植，应依据树根的走向，对沟槽做进一步的雕凿；对定植点的宽度或深度也要做进一步的雕凿修整；对树形不协调的部位还要进行缚扎或修剪，多余的根和枝条应剪除掉。

树木起苗试植完毕后，在等待嵌植的一段时间内，应将根部埋入湿润的河沙中，以保持根部的湿度，防止根部失水干枯。

试植过程中要注重处理好石与树体积的恰当比例和石形与树形的相互协调，以及树根的合理布局等。石体高度在 30 ~ 40cm 的小型附石盆景，其树木的主茎粗在 1.5cm 以内为宜；石体高度在 10cm 的微型附石盆景，其树木主茎粗在 0.5cm 以内为宜。培育定型后，石材与树冠（枝叶）所占的空间比例以 1 ：0.5（即石 1，树 0.5）为宜，树冠所占的空间与石材的比例最多不要超过 1 ：1（图 4-4-2）。

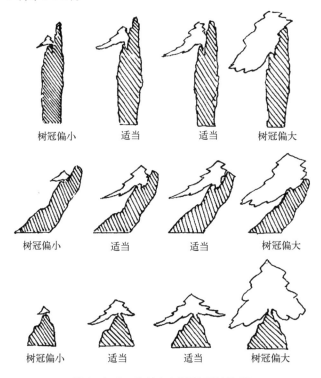

图 4-4-2　石体与树冠体积的比例

石形与树形的搭配，应按创作主题和造型构思进行制作（图4-4-3）。石体高而瘦的，应搭配悬崖式、横卧式或曲立式树形；石体矮而宽的，应搭配矮壮曲立式树形；有的还采用嵌干式附植方法，把树干嵌入石体，以达到树形与石形的恰当结合。

附石盆景树木的根部，是体现形态美的重要因素之一，要使其自然、优美地展现在石体表面，而且与石体紧密结合，在试植过程中就必须确定好它的分布与走向。在数量分布上，应以正面为主，侧面与背面也要有少量分布，这样既可增加背侧面的可观赏性，也可使树木牢固地嵌植于石材上；根的走向，都是纵向延伸，不宜横竖交叉，分布紊乱。

（2）嵌植

试植完毕后，应随即进行嵌植。先把石体放入水中充分吸收水分，然后将树木的基部（即树头）首先嵌入石体定植点上，调整好树势，使其观赏面与石体观赏面相协调，再用铝线将树头缚扎固定，接着将根部逐条嵌入沟槽，根部细小、数量又多的树木可数条根拼在一起，嵌入沟槽，根部顺沟槽蜿蜒向下延伸，末端最少要伸出石基座2～3cm。根部嵌入沟槽后，用塑料包装带缠绕缚扎，个别无法扎紧的部位，要用泥土填塞挤压，使根部紧贴沟槽，防止在生长过程中发生松动或移位。塑料包装带缚扎不宜太密，各缚扎带之间要留一定距离，使根部有良好的通气环境（图4-4-4）。

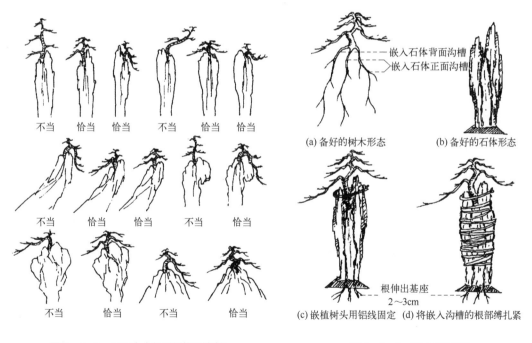

图4-4-3　石形与树形的搭配比较　　　　图4-4-4　树木的嵌植

根部固定下来后，把石体横置，两头用砖块或石块垫离地面，用调好的稠泥浆，均匀浇灌于石体沟槽中，使树根与泥浆紧密连接，有利于根部吸收水分，促进成活（图4-4-5）。

嵌植过程中要特别注意不要损伤根部，弯曲度较大时用力要轻，尤其是异叶南洋杉的根，

图4-4-5 石体表面浇灌泥浆

质地较脆，容易折断，要加倍小心。为了减少根部的损伤，在嵌植前几天，盆栽植物应停止浇水，避免雨淋，使盆土干燥，根部贮水量下降，韧性增强。嵌植的时间应选择在4～5月份为宜，此时气温回升，植株开始萌动，雨水较多，容易成活。具体操作时间以阴天、雨天或晴天的傍晚为宜，避免在烈日下进行，防止植株水分蒸发过快，根部因失水而干枯，影响植株的成活。

（3）包扎

嵌植完成后应随即进行包扎（图4-4-6），包扎物可选用水苔、草绳或棕皮等具有保湿、保土作用，透气性较好，又不至于伤害树木根部的物品。

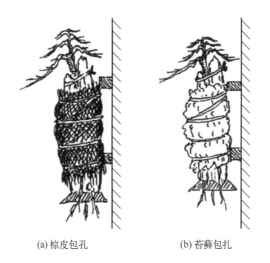
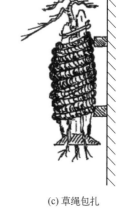

(a) 棕皮包扎　　　　　(b) 苔藓包扎　　　　　(c) 草绳包扎

图4-4-6　树石嵌植后的包扎

水苔是生长在山林中或泉水旁，呈绿色绵状的苔藓植物，不但透气性好，而且含有丰富的营养成分，是用于附石包扎的较理想材料。树木的根部嵌植于石材上后用水苔包裹，外面再用塑料包装带缠绕轻缚，使其紧贴石体，有良好的保湿和透气作用。无法采集到水苔的，也可用草绳或棕皮包扎。草绳是用稻草搓编而成的，容易获得，但在多雨天气容易腐烂，腐烂过程中产生的有机酸，对树根生长不利，因此，草绳只适用于根部粗壮、生命力较强的树木。用棕皮包扎，效果较好，不易腐烂，可以多次重复使用。

根部较瘦弱的树木，不必包扎，可直接植入高盆壅沙培育。

（4）壅沙培育

经包扎后的附石盆景可直接用浅盆培育（图4-4-7），盆内可填入肥沃疏松的土壤，沿嵌植包扎好的树石周围，用瓦片或三合板加高固定至石体的1/3～1/2处，然后填入河沙。经一段时间培育后，除去包扎物和河沙即可，不需要进行换盆。树木根部瘦弱的，可用高盆培育（图4-4-8），在盆底填入肥沃疏松的土壤，盆内填入河沙，经一段时间培育后再移植至浅盆。

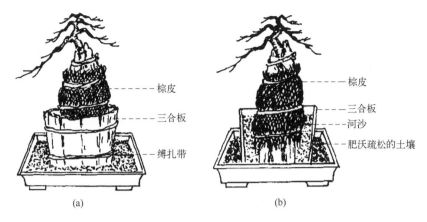

图4-4-7　浅盆壅沙培育

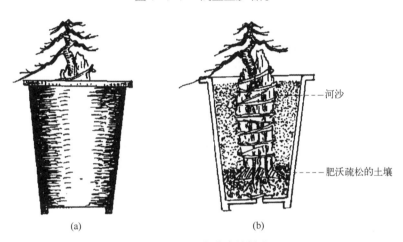

图4-4-8　高盆壅沙培育

壅沙培育的作用是利用河沙的透气保湿功能，保持树木根部周围的湿度，尤其是树木中下部根体细小、根毛较多，如果湿度太低，容易失水干枯，影响树木的成活和生长。相对于壅土，壅沙可以在选用高盆或浅盆加高培育情况下，改善根部末端组织的呼气环境，减少因缺氧引起的尾端腐烂死亡。

壅沙培育期间应加强管理，壅沙后15～20天内要置于阳光直射、无北风吹袭的地方，每天傍晚要喷水一次，待到枝头芽尖萌动，生长出新叶后，再移至半日照（上午有日照，下午无阳光）的地方培育管理。30天后，可移至全日照的地方培育管理，主要是要及时浇水和追肥。附石盆景的水分蒸发较快，细沙干燥时就应及时浇水。每个月追肥1～2次，所用的肥料以饼肥水为宜（用花生饼、大豆饼加水浸泡发酵腐熟后掺水4～5倍施用）。盆内要保持适当的湿度，浇水不宜过多、过勤，以防湿度过大，使根部缺氧而腐烂。施肥浓度一定要稀薄，不能太浓，避免引起肥害而烂根。

壅沙培育一段时间后，茎叶生长旺盛，悬崖式、横卧式树形的主茎最前端的芽苞已能够正常萌芽生长，根部生长已经恢复正常。如果茎叶生长不旺，主茎下垂或横卧的树木最前端的顶芽仍处于休眠状态，说明根部生长不正常，可能有部分根部因损伤或缺氧而腐烂，或因湿度不足而干枯，也可能是土壤的酸碱度不适宜根部生长。遇到这种情况，应当查清原因，分别进行处理。因根部损伤或缺氧腐烂的，应减少浇水，防止盆土水分过大，增强土壤的透气性；因缺水而影响生长的，应恢复正常浇水；土壤酸性或碱性过大的，应改用中性偏酸的土壤，待根部恢复生长后，再进行正常的追肥。

壅沙培育期间，为促进根部的生长，不要进行枝叶的修剪，因为有旺盛的枝叶，才能使根部更快粗壮，牢固地扎紧于石体的沟槽中。

（5）露根修剪

壅沙培育后，小型盆景经过一年时间，树木的根部就已能稳定在石体的沟槽中，茎叶长势比较旺盛，树冠不断扩大，树根在石体底部的土壤中已形成根群，此时可以除去壅沙，解开包扎物。用高盆培育的，可把河沙挖出，再将树石从盆中提起，解除包扎物后再移植至浅盆；直接用浅盆培育的，只要除去壅沙，解开包扎物即可，不必进行换盆。无论是用高盆或浅盆壅沙培育，解开包扎物后，均应用喷壶喷水冲洗石体上的泥土，使根部清晰可见。对新长出来的越出沟槽的根，如果需要，可将其移入沟槽中；如果是多余的，应剪除掉；如果发现部分根分布不理想，或没有紧贴沟槽，应进行局部调整和重新包扎。

对根部进行清理的同时，也要对茎部进行修剪整形，剪除徒长的多余枝条，保持枝叶不过分繁茂，茎部要显得古朴苍劲，分枝层次布局要合理，树形与石形协调、融洽，树石比例恰当（图4-4-9）。

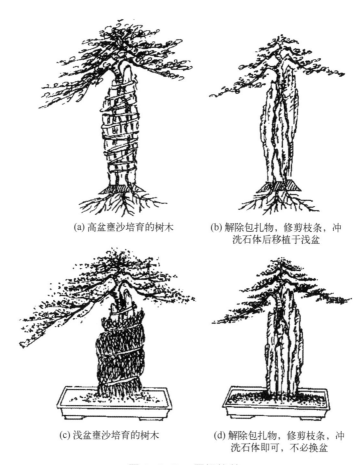

(a) 高盆壅沙培育的树木　　(b) 解除包扎物，修剪枝条，冲
　　　　　　　　　　　　　　　洗石体后移植于浅盆

(c) 浅盆壅沙培育的树木　　(d) 解除包扎物，修剪枝条，冲
　　　　　　　　　　　　　　　洗石体即可，不必换盆

图4-4-9　露根修剪

露根的季节宜选择在春季4～5月份，因为这一季节湿度大，温度也适宜树木生长，露根后根部不会因为环境突然改变而影响生长。

微型附石盆景的壅沙培育时间一般只需半年左右，春季制作，常在夏末秋初露根，这一时期的气温开始回落，只要注意保湿并摆放于无阳光直射的地方，就能正常地生长。

（6）选盆

盆是盆景的重要组成部分，一盆形神兼备的附石盆景，必须用一个与之相匹配的盆来栽植。如果一盆很好的附石盆景栽植于一个不协调的花盆中，就会使景观大为逊色。因此，要认真选好用盆，盆的大小、颜色要与树石的形态、色泽相协调、相匹配。一般要选择深2～3cm的浅盆，可以最大限度地显示附石盆景的全貌，使境界更加开阔。盆（图4-4-10）的形状以长方形和椭圆形为宜。长方形盆刚劲大方，椭圆形盆柔和优雅，可按景物形态进行选配。

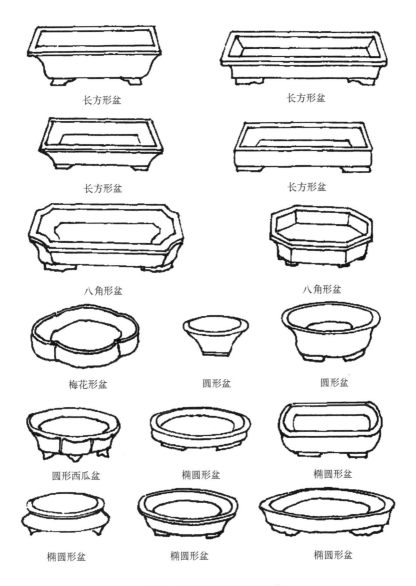

长方形盆	长方形盆
长方形盆	长方形盆
八角形盆	八角形盆
梅花形盆	圆形盆 圆形盆
圆形西瓜盆	椭圆形盆 椭圆形盆
椭圆形盆	椭圆形盆 椭圆形盆

图4-4-10　附石盆景用盆

盆的大小要与树石的高度相协调。盆的颜色以灰白、淡黄、淡紫、浅蓝色为宜。盆的种类有瓦盆、陶盆、瓷盆等。瓦盆质地粗糙，通气性好，价格便宜，但一般只用于假植育苗，不作盆景用盆；陶盆即紫砂盆，有朱砂、白砂、紫砂和青砂等多种，以江苏宜兴产的质量较好，是附石盆景常用的盆类；瓷盆外表美观，但透气性差，一般不作附石盆景用盆。

附石盆景植入盆中的位置要恰当（图4-4-11）。石势或树势向一侧倾斜或伸展，植入位置要适当偏移到另一侧，使整个盆景的重心不致偏离，盆面空间可以得到合理利用；树形和石形均为直立的，可以放在盆的中央。

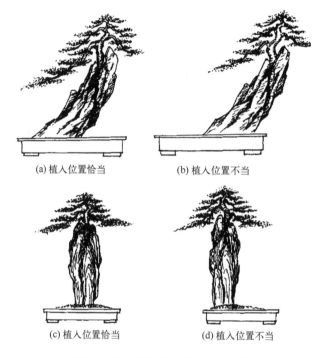

(a) 植入位置恰当　　　　　　　(b) 植入位置不当

(c) 植入位置恰当　　　　　　　(d) 植入位置不当

图4-4-11　附石盆景植入盆中位置

在盆景植入盆中时，要防止排水孔被堵塞。排水孔（图4-4-12）位于盆中央，树石又摆放在盆中央的，可在排水孔周围垫放3～4片10～15mm厚的塑料片或棕丝片，然后放入盆景，再填入土壤。排水孔位于盆两边的，可用塑料窗纱网盖住排水孔，然后放入盆景，填入土壤。

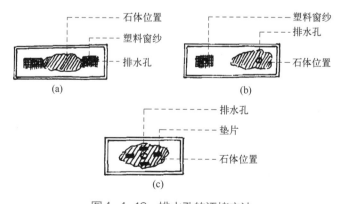

图4-4-12　排水孔的添堵方法

填土后要浇足水分，使土壤沉实并与根部紧密接触，填土不宜过满，要留出盆沿，以防施肥、浇水时，肥、水流出盆外（图4-4-13）。

（7）铺苔

为了使附石盆景充分展示大自然的秀丽景色，可在石体上（松质石）和盆土表面铺植青苔。铺苔方法有自然铺苔和人工铺苔两种。

① 自然铺苔　将附石盆景置于较阴湿的地方，经过一段时间后，石体表面和土面可自然形成青苔；也可将芋头捣碎搅成糊

盆沿留出适当的高度

盆土

图4-4-13　盆土保持的高度

状，涂于石体表面和土面，置于无阳光直射处，使石体和土壤保持湿润状态，不久即可自然生长青苔。

② 人工铺苔　人工铺苔的方法较多，较常用的方法是从野外或潮湿的墙角、砖块上采回青苔，揉碎后用泥浆与之搅拌，涂布于石体上和盆土表面，保持石体湿润，不久就会长满青苔；也可以将采回的青苔揉碎，倒入瓶里或水缸里，加入清水，搅拌均匀，置于阳台有阳光照射处，水会逐渐变绿，然后将此水浇施于石体上和盆土表面，保持湿润，不久青苔就会生长起来；还可以将采回的青苔直接铺设于盆土表面，这也是一种比较简便的办法。

铺设青苔后，要注意保持盆土的湿度，施肥不宜过浓。夏末秋初，当空气湿度低或施肥不当时，均容易造成青苔枯死。

（8）点缀

附石盆景在恰当的位置，点缀一些配件饰品，如塔、亭、桥和房屋等建筑物，或农夫、樵夫、牧童、书生等人物，以及牛、羊、鸟等动物配件，可深化意境，起到画龙点睛的作用（图4-4-14）。但是点缀配件一定要恰当，体积不宜过大，也不要所有附石盆景都搞点缀，以免画蛇添足。

点缀的配件，一般可从花鸟市场上买到，但有时也难以挑选到自己满意的配件，遇到这种情况，可以自己动手进行制作。一是采用蜡石、青田石等软质石，雕刻出桥、亭、塔和房屋等建筑物；二是用黏土塑造各种人物以及牛、羊等动物，阴干后涂上粉底，然后再上彩色；三是用橡皮泥、泡沫塑料等雕刻或切割黏结制成各种配件，取材容易，费用低，初学者可以多尝试。

（9）命名

附石盆景创作完毕后，题上一个好的名字，可以起到点明意境、突出主题的作用。盆景名字是盆景形态与意境（即形与神）的高度概括，题名必须确切、简练、含蓄、高雅，切忌脱离主题、不符景致、文句过长、格调庸俗、平淡无味。可以借鉴名胜古迹给盆景命名，如形似武夷山玉女峰的附石盆景，可命名为"玉女春色"；体现桂林山水的附石盆景可题名为

"漓江岸畔";表现泰山迎客松的附石盆景,可命名为"峭壁迎客";等等。也可以根据盆景的外形题名,如独峰形附石盆景可命名为"孤峰独秀";悬崖形附石盆景可命名为"悬崖春晓";等等。

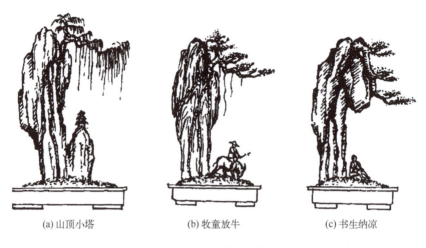

(a) 山顶小塔　　　　　　(b) 牧童放牛　　　　　　(c) 书生纳凉

图4-4-14　配件饰品的点缀

4.5·微型盆景与草本盆景

微型盆景(图 4-5-1)指的是盆体小于手掌范围的微型艺术盆栽。它是当前国际上盛行的主要盆景品种,也是目前我国盆景出口的主要新产品和实现中国盆景进万家的主要品种。微型盆景由于小巧玲珑、造型夸张、线条简练、极具风趣,特别适合于家庭居室陈设。

图4-5-1　微型盆景示例

草本盆景指的是用草本植物材料进行构思、创作加工而成的盆景。

▪ 4.5.1 艺术造型表现

古：多为树桩盆景，以松为主，塑造古老苍劲的形象。

幽：用茂密的植物和山石构成，表现一种丛林峡谷的意境。

雅：以兰为主，营造幽雅、温馨的气氛。

俏：以梅为主，形成俏丽多姿的格调。

雄：以山石为主，配以树木、建筑，气势磅礴，姿态雄伟。

险：以山石为主，形成陡峭崎岖之势。

清：以竹为主，幽雅清新。

秀：用材广泛，有山、水、花木等，构成秀丽脱俗的胜景。

奇：多选择造型奇特的山石，构成奇丽险峻的胜景。

旷：多为水石盆景，构成空阔、迤逦的海滨风光。

▪ 4.5.2 配石与配件

盆景中常用山石或配件与植物配合布置，这是我国盆景艺术的一种独特造景手法。在一盆松柏盆景中，配置一些山石，会使盈尺之树，显出参天之势。在悬崖式的盆景中，放置尖削的峰石于根际，就仿佛树木生长在悬崖绝壁之上。树桩盆景有山石点缀，可增添诗情画意和自然趣味。松树配石的盆景和竹配石的盆景，都是一种衬托和对比的手法。

配石可分自然式和庭园式。自然式配石即模仿山野树木与奇峰怪石的自然配合；庭园式配石即模仿庭园中人工布置树石的配景。配件是指亭、台、楼、阁、动物和人物等小型陶瓷质或石质模型。树木盆景增加配件后，可增添生活气息。应用配件时，要注意符合自然环境和景趣，注意远近、大小比例，以及色彩的调和。配件通常放置在盆景的土面上或配石上。供陈设观赏或展览的临时性装饰处理，在平时一般不放置配件，以免影响树木的浇水、施肥等管理工作。

▪ 4.5.3 微型盆景适宜的树种

① 针叶类　五针松、华山松、小叶罗汉松、黑松、锦松（黑松变种）、白皮松、杜松、桧柏、真柏、紫杉等。

② 杂木类　观叶树种有红枫、紫叶李、紫叶小檗、花叶竹、金边瑞香、朝鲜栀子、水蜡树、银杏、文竹、小叶白蜡、黄栌等。观花树种有杜鹃、山茶、茶梅、福建茶、六月雪、梅花、碧桃、紫薇、海棠、樱花、紫荆、栀子、羽叶丁香、小叶丁香、榆叶梅、贴梗海棠、金雀儿、锦鸡儿、迎春、迎夏、郁李、麦李等。

③ 果木类　小石榴、金弹子、南天竹、老鸦柿树、寿星桃、火棘、金橘、佛手、山楂、枸杞等。

④ 草本类　菖蒲、姬鸢尾、水仙、半支莲、万年青、小菊、吉祥草、兰花、碗莲、姬睡莲、小芦苇等。

⑤ 藤木类　金银花、凌霄、络石、常春藤、爬山虎等。

■ 4.5.4　盆景的平面经营

盆景的平面经营也就是布局，这是盆景创作成败的关键所在，是指将山石、水面、树木、配件等在画面上组织起来，或把植物材料根据立意塑造成一定的姿态并置于盆钵中的适当位置，以表现富有诗情画意的自然景观。盆景的意境是通过布局来体现的，一件成功的盆景作品取决于新颖的立意和理想的布局。

盆景的布局具有独特的规律，一般采用的艺术手法有：主从分明、虚实相宜、比例得当、动感取势、对比协调等。但一般根据盆景树木栽植分类情况，可分为 1～2 株设计方案、3 株设计方案、多株设计方案三大类，设计时要充分考虑栽植材料的大小与多少，按照盆器的形状灵活设计。盆景布局确定之后，用图纸绘制下来，以便征求意见、讨论提高或者施工。

草本盆景创作过程中，针对不同地理起源的植物材料应配制适宜的盆土，选择适宜的盆钵，这是创作成功的基础，而植物枝条的布局构思、式样、片层的设计则是成功的重要组成部分。

对微型盆景而言，枝干的造型构思、设计和配盆是相对较为重要的内容。

■ 4.5.5　盆景创作三步走

盆景创作一般分三步完成，其中第一步就是材料准备；第二步是盆景设计（艺术构思，或者称之为形象思维）；第三步是盆景制作。其中材料准备又可以分为：苗木培育、树桩采集和盆土配制三部分；盆景设计分平面设计、造型设计、枝片设计三部分；盆景创作又包括修剪、蟠扎、雕干、提根、点缀、上盆六部分，简称为一剪、二扎、三雕、四提、五点缀、六上盆。

■ 4.5.6　加工要领

4.5.6.1　蟠扎造型

根据使用的材料，一般可以将蟠扎分为金属丝蟠扎和棕丝蟠扎两大类。棕丝蟠扎是川派、扬派、徽派传统的造型技艺；而海派、日本以及世界各国当前普遍使用的是金属丝蟠扎造型技艺。

4.5.6.2　选盆与上盆

根据材料的大小选择好盆器。盆器又名盆钵、盆盘，是盆景的容器。我国历来对盆景用盆十分讲究，这也是我国陶瓷工艺能够高度发展、取得辉煌成就的主要原因之一。自古以来许多技艺精湛的制盆名家，对盆钵的外形、尺寸、色彩、质地、图案等方面进行了深入的研究，制作工艺精益求精，因而制作了许多造型优美、工艺精湛、结构良好、经久耐用的盆钵，这些盆钵均具有极高的艺术价值。盆景创作时应根据盆景材料的不同，选取合适的盆钵，这是盆景创作成功的基本条件。

如微型盆景制作选盆，不同类型，选盆不同。悬崖式：选用高深的签筒盆；直干、斜干式：选用腰圆或浅长方盆；弯干、低矮植株：宜配圆形或海棠形盆；高干植株：宜配多边形浅盆。

浅盆用铁丝、塑料网片或树叶，深盆用碎瓦片叠放填塞盆底出水孔。浅盆栽植大树时，要首先用金属丝穿过盆底孔固定树根于盆钵之间，避免因盆浅导致树木摇动影响成活。盆钵下层用大粒土（如泥炭），中部用中粒土，上部用小粒土。盆土与树木根系要充分接触、压紧以确保成活。栽种完毕要浇灌一次透水。新栽树木要放在无风半阴处，以防水分过度蒸发导致回芽。半月后恢复正常管理。

■ 4.5.7　制作技艺

4.5.7.1　微型盆景制作

（1）观察与平面经营

对现有植物材料进行仔细观察，初步勾勒出未来盆景的雏形。

（2）养胚

选准材料后，先疏去过多的枝条和残断的根系，选择在大于根系的泥盆中养胚一年后再换盆。换盆时将杂乱、繁密的枝条进行疏剪，以防刮风晃动影响根的生长；对于较大的树木最好设立支柱或用绳固定根颈部，再继续养胚。

（3）主干造型

主干是微型盆景显露其艺术造型的主要部分。造型上可根据主干的自然形态取势，顺理成章，称为因干造型。如：直干式，主干不需要蟠扎，蓄养侧枝即可；斜干式，上盆时将主干倾斜栽植即可，倾侧一方的枝应多保留，呈长而微微下垂状；曲干式、悬崖式，可用铁丝将主干弯曲，为增强苍古感，还可对主干实行雕琢，或锤击树皮。

（4）枝丛造型

微型盆景的枝叶不宜过多、过繁，否则地上与地下部失去平衡，应以简练、流畅为主，以达到形神兼备，充分显示自然美的目的。所以在整形与修剪上可对那些杂乱枝进行处理，如交叉枝、反向枝、重叠枝、轮生枝、对生枝、Y形叉枝。

蟠扎枝条时不要单纯追求弯弯曲曲的形式，要避免呆板和造作。要根据自然形态先进行设计与构思，然后再蟠扎。

除常用的蟠扎方法外还可使用倒悬法和倒盆法进行造型（图4-5-2）。倒悬式造型指的是在树木萌芽前将枝条比较柔软的树种，用绳捆在盆钵上，然后将盆倒着悬挂起来，利用植物

(a) 倒悬法

(b) 倒盆法

图4-5-2 悬崖式造型

自然极性生长（向上）的特性，形成树形结构，最后再将盆放正，即成。倒盆法指的是将盆钵倒放，利用植物自然生长的特性达到造型目的一种方法。

（5）露根处理

微型盆景的露根处理，可弥补盆面树体主干细小的单调感，增加观赏价值。常用方法有：

① 提根栽植法　即在栽植树木时，将根颈部直接提起，使其高出盆面一部分，然后用泥土和苔藓壅培，经过一段时间的浇水和雨水冲刷，使根系逐渐裸露。

② 盘根法　对于根系强健的树种在上盆时可将其根系在根颈处盘结起来，上盆栽植时让其裸露在盆面，可形成盘根错节、苍古入画的意境。

（6）点缀石头或配件

不宜过多，否则主题不明确。

（7）上盆铺苔

苔藓块与块之间应该严密，以看不出接头为好。

（8）浇水

上盆后第一次浇水要浇透。

（9）盆景命名

依据盆景创作的立意，给盆景起一个雅俗共赏的名字。

4.5.7.2　草本盆景制作

（1）观察与平面经营

对现有草本植物材料（如旱伞草、粗肋草、彩叶草等）进行仔细观察，初步勾勒出未来盆景的雏形。

平面经营，又称章法、构图、置阵布势，也就是指盆景布局。

（2）选取植物材料

根据构图立意的需要，选取合适的草本植物，如旱伞草、粗肋草、彩叶草、吊兰、海芋等。

（3）脱盆剔土，修整根系

脱盆时可以先拍打盆钵的外壁，震动盆钵内的土壤，使盆钵与盆土脱离，而后侧放盆钵，取出植物材料。脱盆时也可用大拇指按压盆钵下部中央排水孔内垫支的瓦片，轻松取出植物材料。脱盆后，保留植物材料的护心土，把多余的土壤剔除，用枝剪修整植物材料的根系，把破损、遭受病虫害、多余的根系修剪掉。

（4）栽植植物材料

栽植时盆钵底部的排水孔用两三个破瓦片覆盖，用过筛的粗粒土壤填至盆钵的三分之一处，把植物材料按照构思的要求，栽植在盆钵的适当位置。盆钵的中上部分别填放中粒、细粒土壤，用木棍捣实，使盆土与根系接触紧密。盆钵上部应留出 2～3cm 的水口，以备蓄水之用。

（5）点缀石头或配件

根据设计的需要安放适当的配件和石头，不宜过多，应少而精，起到点题的作用。

（6）上盆铺苔

铺苔时应使苔藓块之间的接头自然，做到苔藓的颜色一致，铺好后就像苔藓在盆钵里自然生长多年一样。

（7）浇水

浇水要浇透，以盆钵底部排水孔流水为宜。或将上盆好的盆景置于水中，至不再冒气泡。

（8）命名

根据立意的需要给盆景起个雅俗共赏的名字。

■ 本章思考题

（1）盆土的配制有哪些需要注意的问题？

（2）盆景植物材料应具备哪些特征？

（3）简述丛林式盆景的创作过程。

（4）如何布局枯艺盆景的神枝与舍利干？

（5）山石锯截的程序是什么？

（6）锯截雕凿后山石的拼接胶合方法有哪些？

（7）树石盆景造型的艺术表现有哪些？

（8）适宜做草本盆景的植物材料有哪些？

（9）当地有哪些适宜的微型盆景材料？

（10）微型盆景加工的技术要领有哪些？

第 5 章

观赏植物水养、组合盆栽以及微景观

5.1 · 观赏植物水养

▪ 5.1.1　观赏植物水养的概念与特点

5.1.1.1　观赏植物水养的概念

观赏植物水养就是直接用营养液（或清水），而不是用土壤或基质培养观赏植物。用这种方法培育的观赏植物即观赏性水养植物，也称水培花卉。观赏植物水养属于无土栽培中的一种——非固体介质型的静止水培，是室内绿化的一种新型栽培方法。通常容易将水培花卉与水生花卉混淆，水培花卉是采用现代生物工程技术，运用物理、化学、生物工程手段，对观赏性植物进行驯化，使植物根系的组织结构、生理性状发生变化，使其能在水中长期生长，从而形成的新一代高科技农业项目。水生花卉是指在水中或沼泽地生长的花卉，如荷花、睡莲等。观赏植物水养是以水为介质，在盛水的容器中直接栽养观赏植物，并施加生长必需的营养元素进行栽培，所培养的观赏植物以供室内绿化、美化之用。这种栽养方式具有清洁卫生、观赏性强、养护方便、植株生命力强、便于组合等特点，被世人称为"懒人花卉"，如图5-1-1 所示的水养凤梨。观赏植物水养不受时间、空间和土地的限制，将诱导成水生根的水培植株，根据它的生长特性，配制相应的营养液，管理简便易行，具有观赏性和装饰性强、病虫害少、以及较好的科普教育作用等特点。水培观赏植物受到越来越多的国内外花卉从业者和消费者的欢迎。

图5-1-1 凤梨

图5-1-2 发财树

5.1.1.2 水培花卉的特点

① 清洁卫生　由于不需施有机肥，没有有机肥腐烂后冒出的异味，水培花卉有益于家庭室内环境与人体健康；水培花卉解除了有土盆栽配制各种盆土时的找土、装土和管理中的麻烦，养护简单。

② 病虫害少　只要按要求将植株、根系、容器严格消毒，便不易发生烂根、黄叶等病害，也不会有带土盆栽时地下害虫的发生。

③ 管理简便　营养液浓度合适，植株就不会萎蔫。营养液根据不同花卉的特点配制而成，市场上有现成的产品，每隔15～60天根据植株生长情况补充一次营养液，7～10天补充一次所失去的水分，或视营养液浊度而定。管理工作比带土盆栽简便得多，水培技术也易被初学者掌握，易收到花繁叶茂的良好效果。

④ 具有观赏价值　如选用一些根系可以暴露在光下的植物，配上适宜的容器，植物全株都可供观赏，具有更高的观赏价值。

⑤ 格调高雅且便于组合。水培花卉非常适合非园艺专业人士以及其他一切赏花胜过养花的爱花人士。他们工作繁忙，没有很多的时间来照顾心爱的花卉，那么如图5-1-2所示的水养发财树这样的"懒人花"就切中了这些人士的生活特点。水培花卉清新雅致、美丽大方，适合布置居室、馈赠亲友。

■ 5.1.2　常见的水培观赏植物

常见水培观花的植物有君子兰（*Clivia miniata*）、风信子（*Hyacinthus orientalis*）、郁金香（*Tulipa* × *gesneriana* L.）、水仙 [*Narcissus tazetta* subsp. chinensis（M.Roem.）Masam.&Yanagih.]、花烛（*Anthurium andraeanum*）等植物，具体简介可扫描二维码查看。

常见水培观花植物简介

常见水培观叶的植物有文竹 [*Asparagus setaceus*（Kunth）Jessop]、富贵竹（*Dracaena sanderiana*）、吊兰 [*Chlorophytum comosum*（Thunb.）Jacques]、绿萝（*Epipremnum aureum*）、心叶蔓绿绒（*Philodendron hederaceum*）、紫竹梅（*Tradescantia pallida*）、南美天胡荽（*Hydrocotyle verticillata*）等植物，具体简介可扫描二维码查看。

常见水培观叶植物简介

■ 5.1.3　水培容器

市场上的水培容器多种多样，要选择适合的水培容器，需要注意：盛放营养液的容器不能用带孔洞的花盆，必须是无任何孔隙、孔洞的；容器最好选透明的，具有一定的造型及艺术形象，以便更好地观赏植物根系和植物株型。按照材质来分，常见的有以下几类。

（1）玻璃、有机玻璃等

这类容器品种繁多，造型优美，透明度高，是理想的植物水培容器，常见的花瓶、酒杯、实验室的烧杯等均可（图5-1-3）。另外，鱼缸式水培玻璃瓶，加上水培植物固根器，可以在下面养鱼，在上面养水培植物。

图5-1-3　玻璃容器

（2）塑料制品

图5-1-4　塑料容器

其特点是品种繁多，造型优美，具有一定的透明度，各种形状都有（图5-1-4）。目前应用比较多的有自动吸水水培双层套盆，包括平底内胆、水杯和吸水线三个部分。用于水培风信子、郁金香等的专用盆也多为塑料制品。一些食品和保健品的外包装容器也可以应用，可根据植物水培时的要求对其进行改造剪截。

（3）其他的瓶罐

一些透明度不高的，但形态奇特、线条流畅、具古典特色的容器，如陶瓷质水仙盆等也可应用（图5-1-5）。用于盛放色彩鲜艳的花卉，花与容器互为衬托，美不胜收。不足之处是无法观赏根系。

图5-1-5 陶瓷容器

5.1.4 水培营养液

市场上可供选择的植物营养液有多种。首先，可到水培花卉专卖店选购所栽培花卉配套的营养液，一般按照营养液说明书操作不会有问题。如果没有配套的营养液，可以选择同属、同科植物的营养液。因为形态特征相似的植物往往有类似的生理生化特征，以此原则选择的营养液较合适。其次，可选择一些通用型营养液，如霍格兰营养液、观叶植物营养液等。对大多数花卉养护者来讲，选择这类营养液比较合适，在使用和管理方面较简单方便。几种常见的植物营养液配方见表5-1-1～表5-1-3。

表5-1-1 观叶植物营养液配方

配方	化合物名称	每升水中化合物的质量/（mg/L）
配方一	硝酸钙	492
	硝酸钾	202
	硝酸铵	40
配方二	磷酸二氢钾	136
	硫酸钾	174
	硫酸镁	120
配方三	硫酸锰	2.5
	硫酸锌	0.5
	钼酸钠	0.12
	硫酸铜	0.08
	硼酸	2.5
配方四	硫酸亚铁	13.9
	EDTA-Na$_2$	18.6

表5-1-2 霍格兰营养液配方

化合物名称	每升水中化合物的质量/（mg/L）
硝酸钙	945
硝酸钾	607
磷酸二氢铵	115
硫酸镁	493

表5-1-3 日本园式营养液配方

化合物名称	每升水中化合物的质量/（mg/L）
硝酸钙	945
硝酸钾	809
磷酸二氢铵	153
硫酸镁	493

■ 5.1.5　观赏植物水养的室内养护与管理

5.1.5.1　观赏植物水养对环境的要求

（1）温度

观赏植物水养只是改变了观赏植物的栽培方式，并没有改变它的生长习性。观赏植物水养采用的观叶植物，属不耐寒性观赏植物，生长适温一般为 18 ～ 25℃，气温降至 10℃以下，有些植物生长停滞，叶片失去光泽，低于 5℃或高于 35℃，大多数观叶植物会受到不同程度上的伤害，如叶边焦枯、老叶发黄、萎蔫脱落等。

（2）光线

观赏植物水养的选材大多为喜半阴的观叶植物和不耐强光直射的花叶兼赏的植物。这类观赏植物的共同特点是，生长期不需要较强的直射光，有些观赏植物品种在较荫蔽的条件下反而生长良好。水养植物受光多以散射光为主，即从窗户等地方射进来的自然光。一般植物的生长只要有适当的光亮就行，不一定非要晒到太阳，而在夏天，要尽量避免阳光直射。

（3）保湿

观叶类植物的原产地大多是温暖而潮湿的环境，这类植物用水培栽植也需要造就一个较为湿润的环境。冬天空气中的水分很少，在北方，冬季有暖气，室内非常干燥，对于植物的生长是不利的，所以日常应用清水喷洒叶面和植株周围来保持湿度，可以每日喷两次清水。或用毛巾擦拭叶面，既可增加湿度，也可清洁叶面。

（4）通风

植物只有在空气流通的环境中才能正常生长，摆放水养植物的地方应该定时开启门窗，让空气形成对流，使外界新鲜空气进入室内。

5.1.5.2　日常管理

无论是双层套盆或是单层盆，均应定期换水，这是观赏植物水养成功的关键。因为花卉的根系在水中生长时，会产生黏液，黏液过多则会污染水质。观赏植物水养时，营养液中除一部分矿物质元素被植物吸收外，其余的都残留在水里。当残留的物质累积到一定程度时，就会对植物的生长产生危害。水中的氧气含量会随着植物的生长而日渐减少，当减少至一定数量时，也会对植物的生长产生影响。

对于生长正常的一般观赏植物来说，夏季 7 ～ 10 天、春秋季 15 天左右、冬季 15 ～ 20天要换水 1 次。换水时，应洗去根部的黏液，并剪除烂根和黄叶。对于刚换盆的水养植物，因其根部新创伤口多，容易腐烂，故须勤换水；特别是在高温天气，水中含氧量减少，植株呼吸作用加强，消耗氧量多，更要勤换水。花卉在水中长出白色的新根后，才能逐步减少换水次数。植株生长正常且健壮的，换水时间长一些；植株生长不良的，换水勤一些。换水前，先倒去套盆中的积水，再将内盆的基质或单层盆用清水反复冲洗，以洗净残存的营养液；同时，将植株的根系用水冲洗。然后，再浇足新鲜的营养液。平时，当水分消耗20% ～ 30%后，必须加水补充；注意水不要加得太满，而要让一部分根系露出水面。

在水养条件下，施入的肥料全部溶解在水中，其浓度只要稍微超过观赏植物所能忍耐的程度，就会产生肥害。因而，观赏植物水养一般应定量施用专门的营养液。营养液是根据花卉所需的养分比例、浓度和酸碱度配制而成的。

5.1.5.3 观赏植物水养的越夏管理

（1）增加更换营养液的次数

更换营养液是增加溶解氧最简易的方法。经测量，新鲜营养液溶解氧含量较原液增加70% ～ 90%，能及时改善观赏植物生理缺氧的状况。已长出水生根的植物 3 ～ 5 天最多不超过 7 天换一次营养液。更换营养液时注意新液与原液的温差不宜过大，温差太大可能引起植物根系生理紊乱。换液时应耐心地用清水冲洗根系，去除枯萎根、腐烂根，将老化根截短，促生新根。营养液若突然变得浑浊，应该即刻更换新的营养液。

（2）振动增氧

器皿较小的观赏植物水养，只要根系清晰无损伤，营养液清澈，就可以用振动法增氧，操作方法是一手固定植物，另一只手把握器皿轻轻摇动 10 余次，摇动后的营养液溶解氧含量能提高 30% 以上。营养液浑浊、根系发育不良的水养植物不宜采用振动增氧的方法，必须彻底更换营养液。

5.1.5.4 烂根后的处理

水养植物根部腐烂常发生在炎热的夏季及洗根后不久的花卉，夏季随气温的不断提高，水温也不断上升，微生物繁殖加快，溶解氧含量降低，水质恶化。水养植物烂根后应进行如下处理。

（1）把腐烂的根系全部清除，茎部已受侵染的也要切除被侵染的部分。

（2）修剪过的植物浸入高锰酸钾溶液浸泡 10 ～ 20min 灭菌。

（3）取出浸泡的植物，在流动水中清洗。

（4）清洗后的植物放入原器皿用清水栽养。

（5）1 ～ 2 天换一次水，只换清水不施营养液，若水质清澈，可以减少换水次数，养护10 ～ 15 天能有新根萌生。

（6）初萌生的新根仍以清水栽养，待气温稳定在 18 ～ 25℃时，再用水培营养液栽培。

对烂根的植物采用以上方法能使其恢复长势。

5.1.5.5 水养观赏植物的修剪

家庭水养植物是缺氧栽培，相对土培植物，植株发育缓慢，长势较弱。为了保持植株蓬径（又称冠径）均衡、匀称，姿态优美自然，可借鉴盆景的修剪方法，只对过密的枝叶、徒长枝，以及超长下垂的枝条做简单的疏剪短截，或以摘心的技术控制其长势，促生分枝，使株型更为饱满。一般不做过多的修剪，更不宜采用盆栽植物重修重剪的技法，伤其"元气"，造成生长劣势。对新生根系不可修剪，根系稀疏、欠壮的植物，不宜对根做修剪处理。

图5-1-6 受冻害水养红掌

5.1.5.6 病虫害的防治

水养植物虽然摆脱了土壤病虫的侵染，可它并不是生长在经消毒后的真空区域，亦难以逃脱摆放环境病虫的侵害。空气中的真菌、细菌、病毒仍可侵染植物的枝叶，使其受到不同程度的损害。由土培改为水培的观赏植物，同样会带有真菌、病菌、虫卵、幼虫等，若不仔细地检查、清除，将会给水培花卉留下受感染的隐患。随风飘荡的蚜虫、介壳虫降落到水养植物上会刺吸植株的汁液；蛾类的幼虫以嫩绿的枝叶为食，会给水养植物造成灭顶之灾。

水养植物常见的害虫有蚜虫、介壳虫、卷叶虫。介壳虫多集聚在叶柄及叶脉两侧，可用细的竹签轻轻刮除，清除的虫体集中烧掉。蚜虫常群集在顶梢和嫩叶上。可将植物自水中取出，置于自来水龙头下，用水冲淋将蚜虫除净；亦可采用1：4的啤酒与水的混合液喷洒叶面，每天1次，连续喷洒4～5次，也可杀灭危害植物的蚜虫和介壳虫。注意啤酒不要喷入营养液中。

观赏植物水养发生侵染性病害不多见，只有在少数叶片上有褐色病变、干瘪坏死，或者有不规则的圆形湿渍状病变，是细菌或真菌侵染导致的，发现后可用消毒酒精（75%）涂擦病变部位，或将整张叶片摘除烧毁，勿使其蔓延。

老叶发黄脱落、叶缘似烧伤状褐色坏死及叶尖焦枯，大多为非侵染性病害所致。非侵染性病害不是由病原物侵染引起的，受病植物只表现病状而无病症，它是由不适宜的环境引起的。夏季闷热高温天气、冬天严寒干燥的气候（如图5-1-6所示受冻害的水养红掌）、烈日的灼伤、空气不通畅的环境、过度的荫蔽、营养液浓度过高都会使水养植物发病。只要改善水养植物的环境，非侵染性病害一般不会发生。水养植物由于摆放环境的特殊性，一旦发生病虫害不宜使用化学农药杀虫，及大剂量的杀菌剂灭菌。此类药物虽能起到杀虫、灭菌的效果，但喷施后会对环境造成一定的污染；散发的异味可对人的口腔、鼻黏膜产生刺激，使呼吸道感到不适（使用剂量掌握不当，对水养植物也有危害）。对病虫害的防治应以预防为主。

■ 5.1.6 水养观赏植物栽种步骤

（1）脱盆、去土

上水盆前把土培花卉淋透水，便于脱盆、去土，用手轻轻把泥土去除，如图5-1-7（a）～（c）所示。

（2）消毒

用消毒液浸泡10～20min后备用［图5-1-7（d）］。

（3）水洗

大部分泥土去除后，最好把泥土洗干净。可以用流速较急的水冲洗，或者在盆里漂洗，动作尽量轻柔，不得伤到植物的根系［图5-1-7（e）］。

（4）栽培固定

将洗干净的植物固定在要培养的器皿里，让植物直立就行。水的液面最好不要把根系全部浸没，最好留出一些空间［图5-1-7（f）］。

（5）加营养液

根据植物的大小，在水中滴加营养液。一般一周加一次，小的植物每次滴2～3滴，大的植物适量增加。

（6）换水

营养液中出现浑浊或有异味，及时换水。然而，一般的水培植物周围会生长一些小的藻类，这是正常情况。

图5-1-7　水养风信子栽种步骤

5.2 · 组合盆栽

■ 5.2.1　组合盆栽的概念

目前，人们的花卉消费水平正在逐年提高，单一品种的盆栽花卉因为色彩单调，在很大程度上已经满足不了消费者的需求，而组合盆栽因其色彩组合较为丰富（图5-2-1 蝴蝶兰组合盆栽），有望成为今后花卉产业的主流产品，将得到越来越多消费者的喜爱。

组合盆栽是指选用两种或几种生长习性相似的观赏植物，运用艺术的原则和配置手段，经过人为设计后，将其合理搭配并种植在一个或几个容器内的花卉应用形式。它不仅要发挥个体花卉特有的观赏特性，更要达到各种花卉间相互协调、构图新颖的效果，以表现整个作品的群体美、艺术美和意境美。通过主次虚实、刚柔相济、动静互补等不同表现手法，让作品山水有情，花草有灵，不但可使组合盆栽具有更高层次的艺术性和观赏性，而且可改善环境。

| (a) | (b) | (c) | (d) |

图5-2-1 蝴蝶兰组合盆栽［作者：(a)陈景仪；(b)～(d)卢露］

组合盆栽与插花艺术比较，其相同点：插花艺术与组合盆栽同样都是将大自然中植物之美与人工的装饰美结合在一起的一门综合艺术。不同点：插花艺术是以切花花材为主要素材，将花插在容器里，通过剪和插的手法完成，其作品力求表现自然界花自身之美。组合盆栽将不同种类的带根带土的鲜活植株经过艺术加工种植在同一容器内，作品表现自然中植物群体之美，且组合盆栽随着季节的变化可呈现出不同的风景，展示的是艺术构图中植物生长的动感美，因此组合盆栽也被称为"活的花艺，动的雕塑"。

■ 5.2.2 组合盆栽的类型

（1）根据表现手法分

根据表现手法可分为东方意境式和现代自由式。

东方意境式在构图上喜用不对称的均衡，选材讲究简练，造型注重线条自然流畅，讲究自然美和寓意美，如图5-2-2所示。

现代自由式则兼容了东西方的特点，形式与选材不拘一格，造型较自由随意，讲究个性的表现，如图5-2-3所示。

图5-2-2 石斛兰组合盆栽　　　　图5-2-3 现代自由式组合盆栽

（2）根据盆栽容器分

根据盆栽容器不同，可分为浅盆组合盆栽、花箱组合盆栽、花钵组合盆栽、玻璃花房及其他。

① 浅盘组合盆栽　利用各式碟、浅盘等没有排水孔、开口平坦的器皿作为容器，将植物组合栽植于其中，利用庭院景观设计的各种手法和基本原理，构建微缩庭院式组合盆栽（图5-2-4）。由于大多数碟、盘等体积小而无排水口，在制作时应选生长速率较慢的植物材料，如鹅掌柴、常春藤、合果芋、袖珍椰子及多肉植物等。

图5-2-4　浅盘组合盆栽

② 花箱组合盆栽　利用种植箱、种植槽等作为容器合植植物，并通过装饰、艺术等手法创作成微缩庭院，多置于窗台、阳台、露台之上或庭院之中，是现代城市住宅或公寓养花和室内外造景或用于隔断的良好选择（图5-2-5）。其植物材料的选择十分灵活，可以根据具体的环境条件和主人喜好而定。

图5-2-5　花箱组合盆栽

③ 花钵组合盆栽　将花钵、花盆等作为容器创作的组合盆栽，如图5-2-6所示。花盆和花钵是最传统的组合盆栽容器，其形态、材质多样，在家庭园艺中的应用十分广泛。

④ 玻璃花房　玻璃花房是利用玻璃容器，或透明的塑料容器栽培植物，如蕨类、竹芋、小凤梨类、卷柏等，以展现迷你庭院风光（图5-2-7）。

图5-2-6　花钵组合盆栽　　　　　　图5-2-7　玻璃花房

⑤ 其他　通过旧物改造、趣味饰品等，利用无限的创意，可创作与众不同的组合盆栽。如利用木雕或根雕等材料作为容器，制作植物特色组合盆栽（图5-2-8）；栽植多肉植物，可创作别致的"沙漠植物景观"；或是随手拾起一段朽木，植上几株绿意盎然的植物，以创造"枯木逢春"的景象等。

图5-2-8　木雕组合盆栽

（3）根据植物材料分

根据植物材料可分为观叶植物、观花植物、多肉植物、水生植物等形式。

① 观叶植物组合盆栽　以观叶植物为主，重点突出植物体量、叶形、色彩和质感的协调与变化，如常春藤类、彩叶草、文竹、袖珍椰子等，如图5-2-9所示。

图5-2-9　观叶植物组合盆栽

② 观花植物组合盆栽　制作观花植物组合盆栽，要根据对观赏期的要求选择植物材料。需长期观赏的一般选择花色丰富、花期较长的植物种类，如图5-2-10所示的蝴蝶兰组合盆栽，蝴蝶兰花期近2个月。球根花卉和宿根花卉是良好的选择，但大多数植物在花期过后容易出现衰老现象，从而影响整体效果，应及时更换材料。短期观赏的，只需根据美观和艺术方面的要求选择材料即可。

③ 观果植物组合盆栽　制作观果植物组合盆栽，一般选择秋后果实累累、色泽鲜艳的植物种类，如北美冬青、富贵籽、石榴、金橘等，如图5-2-11所示。

④ 多肉植物组合盆栽　多肉植物也叫肉质植物、多浆植物，或者多肉花卉，其形态特别，养护容易，如仙人掌、垂盆草、石莲花等。利用多肉植物组合造景能够形成别具特色的植物景观，如图5-2-12所示。

图5-2-10　观花植物组合盆栽（作者：陈宏）

图5-2-11　观果植物组合盆栽

图5-2-12　多肉植物组合盆栽

■ 5.2.3　组合盆栽的作用

（1）提升盆栽价值感

物美价廉却不够显眼的小品盆栽，在组合后立即成为大方体面的礼品，组合盆栽提升价值感的妙用可见于此。

（2）平添立体绿视率

位置小无法多放盆栽时，通过组合技巧将高矮植物立体配植，可呈现层次美感，并发挥单位面积最高绿视率。

（3）弥补缺陷与单调

长久栽培的盆栽难免老叶凋零、基干裸露。将植物组合栽植或靠拢排列，使不周全的茎枝互补缺陷，可再显茂密生机。

（4）营造内涵与意境

栽培设计者可以尽情发挥创意，以巧手慧心布置场景。海滩即景、沙漠情境、热带丛林、庭园幽径等各式各样的盆景意境，都可借由配植技术展现。

▪ 5.2.4 组合盆栽材质

5.2.4.1 植物

组合盆栽常用植物包括观花、观叶、观果、观根茎等几大种类，几乎包裹所有盆栽观赏植物。其优点是观赏寿命长，可随季节变化而变化，充分展现植物各个时期的自然之美。观叶、观果和观根茎植物是以欣赏其特殊的叶片、果实和根茎为主的观赏植物，这些非观花类植物是组合盆栽的基础。其种类繁多，可以是一个组合盆栽作品的焦点（如观赏辣椒）、背景（如夏威夷椰子）、填充（如椒草）、底层覆盖（如卷柏）或外部延伸（如常春藤）。且观叶植物长期保持营养生长，不易因生殖生长而发生衰败，观赏寿命长。组合盆栽的植物选择，常从其习性、外形、规格、颜色、寓意等五个方面着手。

（1）习性

植物的生长习性是制约选材的一个主要因素，这对作品的整体外观、水肥养护以及病虫害防治都是十分重要的。如果制作之前没有考虑所用花材的开花时间、花期长短、光照及水肥需求等因素，就不可能完成一件成功的作品。要按照组合盆栽的生命周期，预留好各种植物的生长空间。

按植物对光照的需求可将其分为全日照、半日照及耐阴植物三大类；按生长环境可将其分为水生、湿生、中生、旱生植物四大类。是否依据植物习性进行合理配植，直接影响到组合盆栽的观赏延续性。要想使一件组合盆栽作品的观赏寿命能在1个月以上，首先要考虑植物配材的相容性。

① 按光照需求分类　在组合盆栽中应用的观赏植物，应以其在生长过程中对光照的需求，将其分为全日照、半日照及耐阴植物三大类。全日照植物需要光照度比较强（如：天竺葵、变叶木及各种阳生草花等）；半日照植物需要中等光照（如大花蕙兰、蝴蝶兰、发财树、凤梨科植物等）；而耐阴植物则要求光照较弱（如竹芋、袖珍椰子、蕨类等）。

② 按水分需求分类　比如，彩色马蹄莲和白色马蹄莲虽同属天南星科，但前者怕涝后者喜水，将这两种植物组合就不合适。再比如多浆类植物及有气生根的植物不需太多水分，而有些植物如仙客来、杜鹃及草花类植物则必须天天浇水。

（2）外形

图5-2-13　巢蕨

植物的外形轮廓是植物和自然生长条件相互作用后所产生的，亦有人为处理的因素，均可影响其形态、生长方向、密度、植株大小。

根据植物配材的作用可将其分为以下几类：

① 填充植物　指茎叶细致、株型蓬松丰满，可发挥填补空间、掩饰缺漏功能的植物，用来做组合盆栽主体植物周围的配材，起点缀和补充空间的作用。常用的有网纹草、小绿萝、彩叶草、椒草、巢蕨（图5-2-13）等。

② 焦点植物　具鲜艳的花朵或叶色，株型通常紧凑，叶片大小中等，在组合时发挥引人注目的焦点效果，如观赏凤梨、蝴蝶兰、月季（图5-2-14）、报春花等，数量视盆具大小而定。

③ 背景植物　室内组合盆栽背景植物通常选择竖线条观叶植物或观花植物，观叶植物如夏威夷椰子、散尾葵等，观花植物如大花蕙兰（图5-2-15）、杜鹃等。背景植

(a)   (b)

图5-2-14　月季（a）和蝴蝶兰（b）

物具挺拔的主干或修长的叶柄，以及高挑的花茎，可作为作品的主轴，表现亭亭玉立的形态。背景植物一般一株就可以。

④ 悬垂植物　具蔓茎或线形垂叶者，适合摆在盆器边缘，叶向外悬挂，可增加作品动感、表现活力及视觉延伸效果，如常春藤（如图5-2-16）、吊兰、蕨类。在进行组合盆栽创作时，要从不同的角度对植物反复观察，把植物形态最完美的一面以及最佳的形态展现出来。

图5-2-15　大花蕙兰　　　　　　图5-2-16　常春藤

（3）规格

植物除了多变的外形，尺寸的变化也引人注目。如文竹的叶状枝细如针尖，精致典雅；琴叶榕巨大的叶片，干脆利落。在组合盆栽设计中，可使用大小相似的元素，做简单的重复，形成统一的风格。也可以强调大小的差异，以对比的方式给人深刻的印象。选用开花类植物，利用花朵大小互相搭配，也是基于相同的原理。

（4）颜色

植物颜色分为暗、亮、彩、斑四类，花色分为红、白、黄、蓝四色系。强调植物色系、斑纹的变化、颜色深浅的交互运用，能让作品呈现活泼亮丽的律动及视觉空间的变化。用对比、协调、明暗等手法，可使观赏者从物理、生理、心理等感官因素去探索色彩。

① 叶色　植物叶片色彩丰富多变，除了物种的差异，同一植物叶片的颜色也受年龄、季节等内外环境的影响。依据视觉分类习惯，按叶色可将植物分为以下几类。

a. 绿色叶系：主要用作焦点植物的背景，需把握近亮远暗的原则。如白绿色的合果芋、

蓝绿色的蓝羊茅、黄绿色的蔓绿绒、翠绿色的波士顿蕨、绿色的散尾葵、墨绿色的金钱榕等均为绿色叶系。

b. 彩色叶系：彩叶植物常用于焦点植物的色彩搭配，有时也可直接用作焦点植物布置。如银白色的银叶菊、粉色的合果芋、桃红色的朱蕉、酒红色的蟆叶秋海棠和五彩千年木、褐色的橡皮树及橘黄色的变叶木等均为彩色叶系。

c. 花叶系：常点缀于组合盆栽边角，可起到活跃作品氛围的效果。如叶边花的花叶常春藤、叶心花的锦叶球兰、叶有眼斑的"孔雀"竹芋、网脉斑的网纹草、线斑的国兰、横纹的虎尾兰、带斑点的撒金变叶木等均为花叶系。

② 花色　植物基本花色为红、白、黄、蓝四色。复色及斑纹的变化更多，因此开花类的植物在组合盆栽中多居于焦点位置。配色时常用白色来分隔搭配，最能突出其他色彩。如需要和谐、温馨的感觉，可用同色系，如以浅粉、粉、玫红搭配；如需要热闹抢眼，就要以对比色系搭配，如红、绿色搭配，黄、紫色搭配和蓝、橙色搭配。但对比色具有对抗性，巧妙运用可以给人强烈的视觉效果，运用不当会让人感到俗气。

观叶植物的组合盆栽要强调植物色彩斑纹的变化，利用植物叶片颜色的深浅，将同色系、质地类似的多种植物或品种混合配植，来强化作品的色彩。制作观花植物组合盆栽，选定主花材时，一定要有观叶植物配材，颜色交互运用，可采用对比、协调、明暗等手法去表现，使作品活泼亮丽，呈现视觉空间变大的效果。不同色彩及质感的植物搭配，运用得当能提高作品的品位，使作品更加耐人寻味。例如夏季用白色或淡黄色特别清爽，春季用粉彩色系特别浪漫柔情。深浅绿色的观叶植物搭配组合亦十分高雅。圣诞节欢愉的红与绿色、春节喜庆的大红色等都可以作为设计的主调。但色彩对比的变化要有共同之处，不宜全同或全异。

（5）寓意

可运用植物的象征意义，来增强消费者购买组合盆栽的愿望。比如蝴蝶兰象征高贵、祥和；大花蕙兰象征幸福、快乐；凤梨象征财运高涨。用这些花材作为组合盆栽的主花材，多用于年宵花组合盆栽，适宜节日送礼。金琥有辟邪、镇宅之功效，而绿萝、吊兰、虎尾兰、一叶兰、龟背竹是天然的清道夫，可以清除空气中的有害物质，特别是在清除甲醛上颇有功效。用这些植物作为观叶组合盆栽的主花材，适于贺乔迁新居。

5.2.4.2　盆器

盆器是制作组合盆栽的重要组成部分，适当的盆器不仅可给植物提供充足的生长空间，还可为组合盆栽设计提供灵感。应该根据设计组合盆栽的目的，参照盆器本身的材质、形状、大小，以及组合盆栽摆放位置与周围环境的协调性和种植植物种类等综合因素来选取盆器，以达到整体统一、和谐共融的美感效果。一般来说，组合盆栽容器的材质和色调的选择要与周围环境相协调。如传统的建筑风格适合用红土陶盆、木料或石材；而白色或有色塑料、玻璃纤维、不锈钢盆器则适用于现代化的建筑风格。

（1）盆器分类

组合盆栽的盆器一般可依用途功能、外形、质材来分类（图5-2-17）。

图5-2-17　盆器

① 盆器按外形可分为标准盆、高盆、长槽、浅盘、壁挂盆、悬吊盆、罗马罐、提篮、造型盆和特殊盆等。

② 盆器的材质主要包括塑胶、陶瓷、玻璃、木竹藤、椰草纤维、石材、金属、泥料及废弃物等。

（2）容器选择依据

① 摆放地点　组合盆栽既可以摆在地面，也可以吊在空中，还可以固定在窗台或墙壁上。摆放地点决定了容器本身作为艺术品的重要性。例如，对于摆在大门口的大型容器，有较高的艺术要求，但绝不能喧宾夺主，观赏的主体还应该是植物。

② 栽植的植物种类　如果是垂吊型的品种，或是植株可将容器的全部或大部覆盖的，容器的外观就不是那么重要了。

③ 形状与大小　容器的形状要根据摆放地点、设计需求及整体的视觉效果来选择。容器的大小，要依栽植的品种类型和植株数量来确定。容器必须能够提供所有成熟植株正常生长的土壤空间，并应具有适当的深度。浅的容器有较大的表土面积，水分蒸发快，同时也会使直根系的植物根系发育受阻。

④ 排水性能　对大多数植株来说，如果长期生长在排水不良的环境中，轻者生长受阻，容易感染病害，重则根系腐烂、植株死亡。理想的容器应该是上粗（宽）下细（窄），并在基部留有排水孔。

⑤ 质地与颜色　市场上的容器可谓千姿百态，形形色色，质地的选择除了满足设计效果及功能的要求外，容器的通透性也是一个考虑因素。在颜色的选择上，一是要求与栽植的植株相匹配；二是考虑其物理性质，黑色容器吸热，放在阴凉地方可以，但最好不要放在强光环境中。

⑥ 移动性、经久性及安全性　如果容器需要经常搬动，重量应较轻一些，但也必须有足够的重量，以免被风吹倒或是被一些小动物碰倒，还要考虑到是否会给小孩子造成意外伤害。

⑦ 价格　现在的栽植容器越做越精致，价格相差亦很大，应在预算所能达到的范围内

选择。

事实上，也可以自己设计并制作所需的栽植容器，特别是利用废旧物品，经改造后作为组合盆栽的容器，则更有一番风味。

5.2.4.3 基质

组合盆栽基质的选择取决于栽培基质的保水性、疏水性、透气性等，应以满足组合盆栽中植物共同生长要求为前提。

常用基质介绍如下。

① 泥炭　泥炭是目前使用最普遍的基质，其无菌、无毒、无污染，通气性能好，质轻、持水、保肥，利于微生物活动。含有很高的有机质、腐殖酸及营养成分，既是栽培基质，又是良好的土壤改良剂。一般泥炭可以吸收它干重 5 ～ 7 倍的水分。

② 松针　由原始落叶松林的肥厚落叶经长期发酵、腐烂加工而成。松针呈酸性，松软、透气、重量轻，一般用作土壤改良剂，是混合基质的组成材料之一。

③ 珍珠岩　透气性好，含水量适中，易于排水、通气。在种植盆下层有水的情况下，珍珠岩通过颗粒间水分的传导，能把下层的水吸入整个盆中，并保持相当的通透性。其化学性质稳定，pH 值为 7.0 ～ 7.5。可单独做无土栽培基质使用，也可和泥炭、蛭石等混合使用。

④ 蛭石　一种天然、无毒的矿物质，在高温作用下会膨胀。其晶体结构为单斜晶系，外形像云母。由于蛭石有离子交换的能力，可增加土壤营养。

⑤ 陶粒　一般以黏土、亚黏土等为主要原料，经加工制粒烧胀而成。陶粒通气性好，能帮助吸附植物生长需要的水分。陶粒本身不含水分，不易碎裂，颗粒均匀，也常用作表土覆盖材料。

⑥ 碎石材　白石、彩石等石材也可用于组合盆栽，作为疏水基质或表面覆盖材料。但质量太重的石材易对根部形成压力，因此材质较轻的石材应优先考虑。

⑦ 沙石　栽培基质中添加沙石，可以帮助改善基质的排水及通气效果。添加颗粒较大的碎片沙石特别是无土基质，可增加基质重量。

⑧ 壤土　壤土含有一些天然的有机质成分，但重量重，保水性较差。

组合盆栽所用基质既要考虑花卉的生长特性，又要考虑其所处环境。基质总的要求是通气、排水、疏松、保水、保肥、质轻、无毒、清洁、无污染。

5.2.4.4 装饰物及配件

组合盆栽的装饰物及配件的运用，必须以自然特色为根本原则。装饰物及配件的应用，具有强化作品意境、修饰的功能，尤其是情景式、故事性的设计，如适当的配件，有助于故事图像的具体化。但是必须注意选择防水性的材料，注意它们之间的比例，以免过于突兀及失真。另外，装饰物及配件的应用，可以表现非植物的特性，例如金属物的运用，能增强作品工艺与自然对比的张力，赋予植物所没有的冷光。同时组合盆栽作为礼品时，因人际关系的需要，经常使用装饰物及配件，例如卡片、缎带、管理维护解说牌、植物名牌等。

■ 5.2.5　组合盆栽设计思路

① 确定主题　一个作品上可能会用到多种花卉，但突出的只有一两种，其他材料都是用来衬托这个主题花材的。主花的颜色奠定了整个作品的色彩基调，而这一切的选择都和制作目的、用途以及所摆放的场合密不可分。一般应把主景植物放在中央或在盆长的2/3处，容器深度需大于植物根团，体积不超过整体组合作品的1/3至1/2，然后再配置一些陪衬植物，也可留有空隙，铺一些卵石、贝壳加以点缀。容器边缘也可种植蔓生植物，使其垂吊下来，遮掩容器边框。选择摆放组合盆栽的位置时，要考虑植物最终高度，不可遮掩，以免造成阻挡。容器尺度最好依摆放的位置长度量制，塑料盆可加木框或金属架构保障安全。

② 焦点设计　焦点，是指组合盆栽中，能够立即引起人们注视的一个点或区域。这是一种主题鲜明或者说主题突出的设计方法，可以采用粗质地的植物或色彩亮丽的植物作为焦点植物，如彩叶草是最常用的焦点植物之一。

在对称式平衡设计中焦点植物一般放在花盆的中轴线上；而在非对称式平衡设计中，焦点植物一般偏离中心，但紧靠最高的植物。在焦点植物之外，往往还要配上垂吊型的植物，以从整体上保持视觉平衡。好的焦点设计能够使人感到其他所有植物好像都是从焦点植物中辐射出来的。

③ 重复设计　这是一种采用同一种植物，或是相同质地、着色或株型的植物，按照一定的间隔进行重复或渐变，使之具有波动或韵律的设计方法。如沿花盆的外围等距离重复栽植相同品种的植物，形成对称式的平衡。

④ 株型、株高的搭配　株型是指植株的长相，大致可分为直立型、半直立型（园丘状、拱状等）和垂吊型或匍匐型。直立型的如藿香、耧斗菜等，半直立型的如洋凤仙、矮牵牛、彩叶草等，垂吊型的如垂吊矮牵牛、常春藤等。从植株的高度来分，又可将其分为较高植株、中等植株和低矮植株。

大多数成功的组合盆栽设计都是将株型和株高不同的植物有机地组合在一起。一般将直立型的或是株高较高的植物置于中心，以增加组合盆栽的高度；将半直立型的或是中等株高的植物置于其周围，以增加组合盆栽中部的分量；而将低矮的垂吊型植物置于最外围，以增加组合盆栽的深度，并改变花盆的流线。

不同株型、不同株高的植物相搭配，能够使组合盆栽看起来丰满匀称、自然和谐，更具观赏价值。

⑤ 植物生长习性和生长势相似的组合　植物生长习性是指植物生长过程中对环境条件的要求。按照植物的生长习性进行组合搭配，是组合盆栽最为基础的设计原则，我们前面讨论的所有原理、原则，都是建立在这个基础上的。

在进行组合盆栽设计时，首先要弄清楚所用的植物是喜光的还是喜阴的，喜温的还是喜凉的，喜干的还是喜湿的，喜肥的还是耐瘠薄的。如将喜光的矮牵牛与喜阴的洋凤仙组在同一个盆中，放在全日光照环境下，洋凤仙会生长不良，甚至死去；如放在遮阴的地方，矮牵牛将发育不良。

因此为了保证组合盆栽具有长期的观赏效果，必须考虑植物的生长习性，将对光照、温度、水分、养分、酸碱度、土壤等要求相近或类似的植物组合在一起，尤其要注意那些对某一环境因子有着特殊敏感性的品种。现代花卉育种的目标之一是育成对环境条件要求不严格、适应范围广的品种。

植物的生长势也是一个需要认真对待的问题。有些植物的生长势特别强，如果将其与生长势弱的品种搭配在一起，用不了多久，生长势强的植物就会压倒并取代生长势弱的植物，进而占据整个花盆，失去组合盆栽的意义。只有将生长势相同或相近的植物组合在一起，才能使其相互制约、协调生长，使组合盆栽更具观赏价值。

⑥ 选择适合的容器　容器的质地、大小、颜色、外形对整个盆栽的风格都会有很大的影响。例如，藤器使人觉得粗犷，陶瓷器使人觉得高雅。容器的大小和植物的高度要调和，若株大盆小，会使人产生头重脚轻而失去均衡的感觉；盆大株小，互不相称，看上去也很不雅观。

■ 5.2.6 组合盆栽的制作过程

（1）构思创意

组合盆栽在种植前应进行构思创意，构思创意有多种途径：

① 根据花卉品性构思。

② 根据物体图案构思。

③ 根据环境色彩构思。

④ 根据器皿含义构思。

组合盆栽创意巧妙，常能达到意境深邃，耐人寻味的境地，从而给人以美的享受。

（2）准备工作

在移栽之前，首先要准备好必备的工具和材料。依据设计选择需要移栽的花卉植物，花卉种类很多，有花形美观、花色艳丽、花感强烈的焦点类花卉；有生长直立，突出线条的直立类花卉；有枝叶细密，植株低矮的填充类花卉；有枝蔓柔软下垂的悬垂类花卉。花卉要求生长健壮，整体有紧凑感，叶色光亮，花色鲜艳，无病虫害，无机械损伤等缺陷。选择盛开的花，也应有较多的花苞。选择结构无损的容器及装饰材料。准备栽培需要的培养土，如园土或基质（珍珠岩、蛭石、树皮、粗砂、泥炭等）。此外，还要准备移栽需要的培土器、铲子、尖头剪刀、盆底石和肥料等。

（3）基质的调配

对盆栽基质的基本要求是要具备良好的透气、保水和排水（渗水）性能。即使是肥沃的菜园土或花园土，也不宜直接用来作为组合盆栽的基质，必须混进一些粗结构的颗粒，如珍珠岩、蛭石、树皮、粗砂、泥炭等。一定要混合足够量的粗结构颗粒，如果粗结构颗粒太少，反而影响土壤结构。大量小颗粒填充到为数不多的粗颗粒之中（或是挤压在周围），会使土壤更加紧实，一般适宜的配比为10份粗结构颗粒加3份土。

在配制基质时，应选择未施过除草剂的肥沃壤质表土，与粗结构颗粒混合。表土最好经过杀菌处理，蒸气消毒、高温密封处理、烈日暴晒等均是简便有效的杀菌方法。

（4）模拟移栽

不用脱盆，先将原盆的植物按设计好的造型摆放在花盆中，先摆放最高最大的，然后摆放规格最小的。如果采用对称造型，将最大的植物放置在花盆中央；如果采用不对称设计，则将其摆放在一边，不断调整植物的摆放位置，直到达到最优效果。配置时要综合考虑花卉的形态、朝向、颜色的组合、植株的高度等。

（5）填土

填土之前，先要放入盆底网和底石，把盆底网剪成比排水孔稍大的网片，盖在排水孔上，可以防止泥土流出花盆或害虫从盆底进入花盆。在没有盆底网时，可以用碎瓦片代替。铺好盆底网后要放入盆底石，盆底石均匀平铺于盆底，深度在 1/5 左右为宜，深盆可以适量多些，浅盆可以适量少些。盆底石的作用是使盆底排水畅通，防止积水，另外还可以防止盆底网发生移动。在盆底石上面放入配制好的培养土，培养土的量根据根球大小决定，根球最大的植株移入后，以表面能覆盖住 2cm 深为准。

（6）准备苗

观察苗的状况，若有枯叶、变黄的叶子或开败的花等要事先除去。在脱盆时，注意用一只手抓住花卉的根部，另一只手从盆底用手指往上顶，轻轻取出花卉苗，不能使劲拉拽。花卉苗不易取出时，应先用拳头或皮锤敲打花盆侧面，使花卉根球和花盆之间产生缝隙。根据根球大小和容器大小对花卉根球进行缩小，从根球外围不断剪除，最终不能小于原根球的 1/3。

（7）移苗

移入焦点花卉，确认栽植高度，在根球上盖上培养土，依据造型再移栽其他花卉。根球与容器之间及根球与根球之间不能有空隙，所有间隔必须用培养土填实。所有花卉移栽完成后进行覆土，且要把表面压平。基质顶层和花盆上沿之间应留有 5cm 的空间，便于浇水和铺设护根覆盖物。

（8）浇水

给整个组合盆栽浇足水（直到水从花盆底部的排水孔流出），在半阴处放置 2 ~ 3 天，然后放到摆放处培养。

（9）装饰

对组合盆栽的容器和花卉进行整理，清理容器上洒落的培养土，对花卉整体进行修整，以达到设计观赏效果。为更加突出表现主题，可用彩带、灯笼、彩石、苔藓等进行装饰。

■ 5.2.7 组合盆栽的养护管理

（1）水分与湿度

大部分植物只有保持基质湿润，才能生长良好，浇水的方法是盆土见干才浇水，不能浇"拦腰水"，浇水以见到盆底透水孔有水漏出为好，即"见干见湿"。这类花卉如吊兰、常春藤、榕树、杜鹃、桂花、朱顶红、仙客来等。通常草本花卉浇水间隔的时间要比木本花卉短一些，球根类花卉也应适当干些。一般情况下，草本花卉、木本花卉、球根花卉的间隔时间分别为10天、20天、30天。日常生活中，大部分木本花卉的干枝、球根花卉的腐烂都是由于浇水过多所致的。多肉植物（如仙人掌属和景天属植物）需干燥一些，遵循"宁干勿湿"的原则，待盆土干透进行浇水，浇水应一次浇透。

同时基质选择通气透水性较好的组合，如泥炭土、蛭石、珍珠岩按体积比1∶1∶1进行配制，或泥炭土、河沙、蛭石按体积比2∶1∶1也可，若组合盆栽的花卉材料全部为仙人掌类植物，河沙所占的比例大于70%为好。总之基质选择配比的原则是"通气透水为主，同时兼顾营养"。

对水分要求较高的花卉除正常浇水外，应定期进行叶面喷雾以满足花卉正常生长所要求的湿度。天南星科、竹芋科、蕨类植物都属于此类，常见的花卉有红掌、绿萝、黄金葛、金钻、万年青、苹果竹芋、天鹅绒竹芋、鸟巢蕨、铁线蕨等，都需要在保持盆土湿润的同时，保持较高的空气湿度。

（2）通风与光线

花卉养护时需要空气流通，以使花卉植物良好地进行光合作用，利于花卉生长。对于喜光花卉，除摆放在光照充足之处外，还应定期转动花盆，以使不同方位栽植的花卉都能充分被阳光直射，保持组合盆栽的造型不发生太大变化。

（3）整形与修剪

当花卉移栽4～5个月后，1年生草花要枯死，多年生花卉盛开的花朵会凋萎。枯死的草花应及时更换，重新进行组合；开败的多年生花卉应进行修剪，保持其造型不发生太大变化。发生植株之间相互碰撞、叶片生长过盛、叶片枯黄等现象时，应及时予以整形、修剪。

（4）施肥

组合盆栽在观赏期内一般不需要施肥，常常视花卉的观赏特性、种类及生长发育时期灵活掌握。需要细心观察花卉的叶，尤其是嫩叶叶尖来诊断花卉所缺乏的是哪种化学元素，采用喷施补充效果较好。也可在花卉表现出生长不良症状时施肥，遵循少量多次的原则。

（5）病虫害防治

组合盆栽观赏价值高，造价也高，要注重预防病虫害。摆放地点应清洁卫生，通风良好，不往花盆里乱丢不洁物品，尽量减少病原入侵。由于摆放地点特殊，不能随意使用化学药剂，一旦发现病虫害，应及早处理，如修剪病虫枝，并集中销毁，或尽早去除有病虫害的植物，采用换土或者晾晒等措施进行防治，必要时可在户外或温室进行适当的化学防治。

5.3 · 微景观

近年来，随着经济水平的提高，人们对其居住环境的要求越来越高。不管是酒店，还是家居环境，为了迎合人们对美学、舒适的需求，都在不断地创新与提升。在这种环境之下，点缀于钢筋水泥幕墙上的绿色植物便显得尤为重要与稀缺。微景观最早出现在各大网络平台，其在一定的器皿内或较小的场景中以植物、水、石等元素进行设计搭配，展现出自然的场景。因其体积较小，便于摆放，且相比盆栽植物更易加入个性化的内容，深受大众喜爱。

■ 5.3.1 微景观的概念

微景观起源于欧美国家，本名为 terrarium，直译为玻璃容器或陆地动物饲养所，是将植物种植到玻璃缸或钟形玻璃罩里形成的景观。最初是为了研究植物的生长，后逐渐进入家庭，作为餐桌、茶几等的一种装饰，其制作比较粗放、简单，有敞开式和封闭式。现在，微景观是指用苔藓、多肉等生长条件相似的植物，配上各种精美的小玩偶，做成的既实用又美观的桌面盆景。

微景观是自然景观的浓缩，通常采用"枯山水"空间布景模式，以植物搭配造景为媒介，结合容器、相关素材、装饰配件等，于方寸间微缩自然，创造清韵雅致的微观世界，达到人、境、景的协调统一。微景观精致小巧、玲珑静雅，用其美化居室，馈赠亲友，颇受青睐。人们动手设计制作微景观时，还能自我减压，放松身心。微景观尺寸小，便于携带，制作简单，便于养护，取材容易，造型多样，具有较好的市场前景。

■ 5.3.2 微景观的类型

5.3.2.1 生态瓶微景观

生态瓶微景观是把苔藓等植物栽种在小的透明瓶子里的微景观类型（图5-3-1）。它起源于日本和中国台湾的瓶子植物，是最早出现的微景观类型。在生态瓶底层铺一层小颗粒轻石，然后铺一层水苔，在水苔上面放种植土，再铺上苔藓，种上背景植物，然后按照设想的场景和画面，搭配沙石、玩偶等配件，即可在形态各异的透明玻璃瓶中创造出一个微缩的景观空间。生态瓶还可以垂吊在铁艺支架上，方便从不同角度观赏瓶内的微景观。

图5-3-1 生态瓶微景观

5.3.2.2 多肉植物微景观

在造型各异、色彩绚丽的小型花盆中种植一株或几株多肉植物，并在花盆中搭配沙石、玩偶等配件，创作的以多肉植物为主体的小型景观空间，称为多肉植物微景观（图5-3-2）。多肉植物既有单棵种植的，也有多棵组合的，种植多肉植物的容器更是千变万化。由于多肉植物种类繁多，外形可爱，生长过程需水量少，简单养护即可保证其健康生长，因此，丰富多彩的多肉植物微景观吸引了众多年轻爱好者的关注与喜爱。

5.3.2.3　水景植物微景观

水景植物微景观把铜钱草、圆心萍等水生植物养在碗状或盆状容器中的微景观类型（图5-3-3）。营造水景植物微景观，首先应在碗底放一些细沙，再将水生植物放于容器中，使其漂浮在水面或挺出水面，再放些点缀景观的迷你小船、玩偶、小动物等雕塑小品，生动逼真的水景植物微景观就形成了。如果喜欢小动物，还可以在水中养几条小鱼，使微景观更具生机和乐趣。

图5-3-2　多肉植物微景观

图5-3-3　水景植物微景观

5.3.3　微景观的组成

微景观主要由植物、土壤和水体、容器及配件等部分组成。对于喜欢动手的爱好者来说，微景观最大的乐趣就在于其易于手工拼装种植，可以根据自己的想象去创造、建构一个属于自己的"卧游之地"或"童话世界"。

（1）植物

用于构成微景观的植物主要有苔藓类植物、蕨类植物、多肉植物及其他植物等。此类植物多属"懒人植物"，即易于种植和打理，这是微景观受年轻人群喜爱的重要原因。

① 苔藓类植物　中国用苔藓植物中的真藓和青藓类植物作盆景覆盖层已具悠久的历史，且在民众中有广泛的基础。苔藓类植物，种类繁多，如白发藓、真藓、凤尾藓、树藓、金发藓、走灯藓、灰藓等都具有一定的观赏价值。在微景观的构建中使用苔藓类植物是由它多方面的性质决定的。

首先，苔藓具有四季常绿、易存活的特征。苔藓植物是一种结构相对简单的多细胞绿色高等植物，体积矮小（一般高度是3～5cm），结构简单，利于存活。由于苔藓一般生于阴湿环境，对于光照要求不高，散光照射就能满足生长需要，因而比较适合作为室内装饰的植物。同时由于它的吸水、保水功能以及具有一定的观赏价值，因而非常适合用于微景观的基础造景。另外，大多数苔藓植物结构简单，对生长环境的变化反应灵敏，被认为是理想的环境污染的指示植物之一。苔藓植物用在室内装饰，一方面可以绿化室内环境，另一方面对室内环境的污染也有检测和改善的功能。

其次，苔藓植物的可塑性强。在微景观中铺种苔藓，可使所营造的景象古朴自然，更富自然野趣。大面积的苔藓植被可以体现生机盎然的景象，同时可以与其他植物类型形成空间上的高矮搭配，也可以掩盖其他散叶型植物叶下的空隙，达到很好的艺术效果。

② 蕨类植物　蕨类植物是比苔藓植物略高级的高等植物，靠孢子繁衍后代，生长在阴暗潮湿的林地角落里。蕨类植物的生长环境和苔藓植物类似，因而在微景观造景中经常和苔藓植物同时出现。常用于微景观造景中的蕨类有翠云草、松叶蕨、银粉背蕨、凤尾蕨，等等。这些蕨类植物有的线条流畅，有的枝叶肥大浓郁，有的株型小巧别致，是制作微景观的极佳植物。

蕨类植物通常和苔藓植物搭配，是由于它们的生长环境相近，在微景观的维护和保养上方法一致。此外，蕨类植物也属矮株植物，在空间的把控上正好合适于景观空间的多层次布景，因而在微景观造景中应用广泛。

③ 多肉植物　多肉植物，就是茎、叶或根（少数种类兼有两个或两个以上部分）具有发达的薄壁组织用以贮藏水分，在外形上显得肥厚多汁或带粉的一类植物。多肉植物的生长环境多为干旱气候，比较耐旱。

④ 其他植物　微景观的植物选择除苔藓、蕨类及多肉植物外，其他种类的植物亦是不可或缺的重要组成部分。鉴于苔藓及蕨类植物的生长习性、体量大小等特质，在微景观空间范围内选用的其他植物同样须具备耐阴喜湿的习性，还须具备形态优美的观赏价值和与之相协调适应的体量，以及较好的环境适应能力，在微景观空间造景中多扮演各类乔木角色。满足相应条件的常用植物包括罗汉松、文竹、网纹草、袖珍椰子、垂叶榕、虎刺梅、六月雪、络石、千叶吊兰等。水体微景观常用铜钱草等。

（2）土壤和水体

土壤和水体是微景观造景的基础工程部分。不同的微景观植物所需的土壤和水体有所不同，土壤和水体可根据造景需要进行布置，并使微景观呈现不同的景致样态。生态瓶微景观对于土壤的布置通常是先在生态瓶底部平铺一层质感均匀的水砂石或雨花石，用以隔离水层，然后将干燥的水苔均匀铺植在水砂石或雨花石之上，用水壶喷至微湿后轻轻压实，以起到吸水保湿和防止种植土壤渗入到隔水层中的作用，之后在平整的水苔层上加入种植土。生态瓶微景观的土壤层坡度一般在15°～45°之间，有的生态瓶会加入石块模拟高山、悬崖等环境，这时候土壤层的布置会根据不同情况设置90°左右的垂度。水景植物微景观和多肉植物微景观土壤层一般较为平整，便于加入水体形成池塘状水景，以及种植多肉植物之用。

（3）容器及配件

① 容器　根据微景观类型的不同，容器也有不同种类。生态瓶微景观的容器主要为透明玻璃容器，造型以圆形或瓶状容器为主（图5-3-4），在此基础上加以装饰和变化。有的生态瓶在圆形顶部或侧面开口，有的将圆形拉长至椭圆形，底部为平底，总之是为满足日常打理和360°全方位观赏的需要。水景植物和多肉植物微景观的容器以造型各异的花盆为主，容器的材质不同，造型各异。如石质花盆凸显微景观的古朴特点；木质花盆则利用木配件，打造心仪的微景观。

图5-3-4　瓶状微景观

② 配件　微景观中的配件是指为搭配植物主体营造微景观整体氛围所需的人造建筑、动植物、人偶等配件。此类小巧精致的配件往往能起到确定主题、增添情趣甚至画龙点睛的作用。通常此类建筑、人偶、动植物等配件（图5-3-5），以事先加工好的树脂、铁丝、泡沫配件为主，也有海星等可长期放置的天然配件。

图5-3-5　微景观配件

■ 5.3.4　微景观的设计美学观

虽然微景观的起源可追溯至中国盆景艺术和中国园林艺术，以及日本的微缩式园林景观——"枯山水"，但在当代社会文化背景下兴起的微景观，是在上述艺术形式和理念影响下，将自然与想象世界相结合的一种景观微缩与再造，具有不同于以往的时代性特征和设计美学理念。

（1）景观构成的整体性

微景观设计构成的重要原则是在突出"微"字的前提下把握其整体性原则，即无论何种类型的微景观，都要根据其特点和个人喜好，先确立构成风格或故事场景，然后以此指导整个微景观的布局和构成。空间的布局上要处理好每个单体之间，以及单体与整体、单体与配件之间的主次、疏密、高低、远近、争让、露藏、动静等关系。

（2）微景观的趣味性

微景观之所以能够在年轻人群中迅速走红并广受追捧，很大程度上缘于微景观可以根据主观审美喜好，建构充满趣味的场景。这种趣味性体现在以下三个方面：

一是微景观主题的确定与营造，多取决于主体植物之外的微景观配件。微景观中配件的设置，多选取动画、故事中的人物、动物形象及场景，年轻爱好者可根据自己喜爱的童话故事、卡通人物及场景，自由搭配出自己心仪的微景观乐园。

二是微景观中的多肉植物本就是惹人喜爱的植物类型，如"鹿角海棠"形状颇似梅花鹿的鹿角，另一种叫作"熊童子（也称熊掌）"的，形状像极了熊掌的模样，其他"星美人""黑法师""麒麟掌"等种类也是各具特色。

三是微景观容器丰富多样，材质类别众多，造型亦极富变化。微景观容器造型除满足不同种类微景观造景之需以外，很大程度上其变化与装饰皆为满足消费者审美需要，即或配合微景观主题，或增加微景观的趣味性。

（3）人景互动的开放性

微景观体量较小，适合放置于办公桌或家庭的桌台之上，可起到在封闭的办公和居家空间中美化环境、放松心情的作用。微景观爱好者可随时停下来欣赏桌上精致的景观，也易于被带入微景观世界。其中既可以有大片草原、森林、河流，还可以有可爱的人物、小动物、小房子等，给人以无限遐想空间，不禁产生愉悦之情。不仅如此，爱好者还可以随时动手改造眼前的微景观，将长大的植物分株等，互动过程自然带来无限乐趣。从更深层次分析，微景观既是对现实自然的模拟，又是按照自我想象的场景建构的，因而它既是具象的，又是抽象的；既有美的本质性，又很容易发现其人为建构的操作性遗痕。因此，开放性的微景观建构是人景互动过程中从具象朝向抽象的升华过程。微景观因而能够成为爱好者的精神寄托和心灵归宿。

■ 5.3.5　苔藓微景观设计

苔藓（bryophyte）微景观，是在terrarium的基础上，融入枯山水的空间布景模式，将苔藓和其它植物、石头、沙子、玩偶等配饰经过一定的构思设计，巧妙组合布置到一起，形成的一类精致的新型桌面盆栽。这种苔藓微景观可以模仿森林小溪、农家院落、乡野田边、海边城堡，也可以将卡通动漫、游戏、电影元素植入其中，体现不同的风格特点，给人一种清新自然、舒适美妙的感觉。它小巧精致、玲珑可爱，可以置于书桌、餐桌、卧室等，也可以摆放到办公室、商店、图书馆等公共场合美化环境，让观赏者赏心悦目，近年来在我国迅速流行和发展起来，深受各类人群的喜爱。

苔藓微景观是利用苔藓、蕨类等植物将自然环境中的景色经过艺术设计后浓缩于尺寸之间的造景形式，是一种新型的微景观设计，具有高度的观赏价值和艺术价值。苔藓

图5-3-6　苔藓微景观

微景观设计营造相对简易，且可根据个人的喜好与构思进行种类丰富、形态多变的设计。

苔藓微景观之"微"，在于"小"和"精"。苔藓微景观其"小"为所需空间体量小，突破了环境尺度的束缚，在花盆等容器的置锥之地的空间中便可进行景观设计营造，将山川湖河等自然风光及园林景色微缩于其中，抑或进行艺术处理的二次创作。中国古典园林中素有以小见大的造园手法，文震亨在《长物志》中有"一峰则太华千寻，一勺则江湖万里"之说，苔藓微景观正是通过这种艺术性手法来表达自然之美，如图5-3-6所示。

5.3.5.1　苔藓微景观制作过程

（1）主题设计

微景观的制作以"立意"为先，"造景"为重。首先构思整个作品的主题，确立设计理念，勾画蓝图。根据蓝图选定容器、绿植、介质、基质和配件等。这样制作微景观，才能准确表达创作者的创意和情感。微景观具体设计中，可有机融入中国文化元素（如中国诗词文化、中国地理景观、中国传统节日等），也可运用中国古典园林中障景、借景、框景、点景、漏景、夹景等造景手法和节奏、律动、重构、渗透等设计手法，同时，应注意空间层次组织，包括单体与整体、单体与配件之间的主次、疏密、高低、远近、动静等关系。

（2）素材预处理

在微景观制作之前，对各种素材进行预处理。用清水或白醋将容器内外壁擦拭干净。配制好栽培基质。筛选微景观绿植，去除病叶、老叶等。

（3）介质和基质铺设

在容器底部均匀铺上一层隔水层。在隔水层上均匀铺设保水层，并浇水至微湿，用手指轻轻压实。在保水层上铺设基质，根据造景需求，设置不同角度坡度，丰富层次感。浇透水，注意水位不高于隔水层。

（4）植物种植

在基质上，从远及近、从高向低种植植物。用镊子夹住蕨类植物根部插入基质，并填压紧实。将苔藓植物掰成合适尺寸并剔除污垢后，以拟根插入容器内合适位置，用手轻压，使其充分与基质接触。植入"景观树"植物，方法同栽种蕨类植物。对全部植物进行适当修剪。喷水，至隔水层有一半积水。

（5）配件布景

在留白区铺入比例合适的装饰沙石。根据设计蓝图放入配件和景观小品，注意协调性与整体性。给植物喷水，注意不要喷到彩砂上，以免影响美观。

5.3.5.2 苔藓微景观的养护

（1）温度管理

苔藓植物生长适温为 20 ～ 28℃，温度过高，苔藓植物易发白，需适量浇水后通风降温。低于 10℃时，苔藓植物停止生长，甚至自动休眠进行自我保护。蕨类植物生长适温为 16 ～ 21℃，冬季最低可耐 7℃，夏季忌闷热，需多通风和浇水降温。

（2）光照管理

微景观植物一般喜阴，光线不能太强，忌阳光直射。室内自然散射光即可满足这些植物对阳光的需求。

（3）湿度管理

苔藓植物和蕨类植物大多喜湿润环境，不耐干旱，但湿度又不宜过高，尤其基质不能积水，以免植物发霉、烂根。可根据室内实时温度适当浇水保湿降温，每天喷水 2 ～ 3 次即可。

（4）空气管理

针对封闭型容器，每天开盖 1 ～ 2h 通风换气；在夏季高温闷热时，长时间开盖留出缝隙透气。针对半封闭型及开放型容器，忌长期吹风。

（5）植物养护

苔藓植物发白、发黄、发黑、发蔫、烂叶、烂根时，可照射紫外线 3 ～ 5h 杀死病菌，并应清除病变部位。对蕨类植物频繁浇水，会使叶片长期积水或紧贴容器内壁，出现烂叶现象。生长较快的植物，可根据造景需求适当修剪，一旦发现有老叶、烂叶时，及时将其剪下夹出，防止污染。

■ 5.3.6 多肉微景观的设计

多肉植物，又称多浆植物、多汁植物或肉质植物，是指利用其肥厚的肉质叶、茎或根来贮藏水分，其表皮被蜡层或绒毛细刺，气孔少而紧紧关闭，降低蒸腾强度，减少水分蒸发，以此来度过生长环境中严酷旱季的植物。多肉植物凭着极其可爱的外形，胖乎乎的肉身，肥厚的叶片，不经意开出的小花，加之其生长过程需水量少，简单养护即可保证其健康生长，逐渐从少数人的玩物"走向"寻常百姓家，越来越受广大消费者的喜爱。同时，以多肉植物为主要材料衍生出来的多肉微景观（以多肉植物为主材，搭配各种配件如小玩偶、石头、枯木、贝壳等，组合在一起创作的桌面盆栽）已成为最受市场欢迎的盆栽之一。

5.3.6.1 多肉植物微景观的选材

景观制作选材一般由植物、容器、土壤三部分组成。

（1）植物

多肉植物微景观在植物选材上以多肉植物为主，从美学角度上会适当搭配其他的植物。

目前北方市场上微景观常见的植物选材为：多肉植物系列、文竹、彩叶草、网纹草、条纹十二卷仙人掌系列、苔藓、珊瑚棒等。

① 植物特性　多肉植物造景的特点：品种繁多，选择性多；造型奇特，组合形式多样；颜色纷繁，色彩搭配时选择性强；观赏性强，不同品种的观赏价值不同；抗逆性强，对环境要求少，方便管理照料。

② 植物的选择　选取的植物首先要经过炼苗或筛选等其他途径，选出生命力强、适应性强的植物；其次，选取造型美观，能够单株成型，达到审美标准，有观赏特性的植物，对用于组合的植物除了考虑温度、湿度等环境因素对植物的影响外，还需要考虑组合植物相互间的影响，对环境需求的同一性与融合性，尊重植物的生存环境。

（2）容器

容器按材质不同可分为：陶瓷器、木制器、塑料器等；根据空间的开合性可分为：开放式与半开放式。微景观在容器的选择上以适合植物生长为标准，必须提供给植物足够的生长空间，还应根据植物对湿度、通透性的需求，选择带或不带排水孔的容器。

（3）土壤

多肉植物微景观的土壤需要满足多肉植物的生长，要求疏松透气，排水性好，可适当加入一定比例的腐殖质为植物的生长提供所需营养物质，颗粒度要适中。目前北方市场上常见的多肉植物的专用土壤多为不同成分基质按一定比例调配而成。常见的有以下两种配方：泥炭土 + 赤玉土 + 珍珠岩 + 沙石；普通土 + 炉灰渣 + 珍珠岩 + 沙石。

5.3.6.2　多肉植物微景观的设计与创作过程

（1）确定主题

微景观的设计首先应确定主题，再通过选择合适的植物和其他辅助材料演绎故事，诠释主题，通过主配景营造氛围，打造风格，让人从视觉上去主观感受微景观的艺术之美，通过形式与内容共同表达主题。在设计过程中以材料适宜，搭配合理，整体效果舒适美观，成本造价经济为宜。

主题式的艺术盆栽确定主题后，结合容器、植物的特性，以多种植物进行组合，用植物进行不同场景的打造，营造出不同风格的氛围，让人们在欣赏的同时感受到植物所营造的艺术美。例如，卡通动漫风、田园风、中国风、时尚风等主题风格的打造。

（2）材料准备

植物选择方面以多肉植物为主，其他植物可以作为配景出现。微景观除了需要色彩缤纷的多肉植物外，对盆器的选择也非常重要。根据不同的需要，可以选择传统古典的紫砂盆、美观别致的陶瓷盆、轻便简单的塑料盆等。盆器的选择相对灵活，不同的盆器都有其独有的韵味。栽植土壤选择多肉专用土壤。

（3）创作加工

根据主题准备好植物和花盆，然后按照一定的美学原则，利用一定的辅助工具首先放入一部分多肉种植土壤，然后将所选择的多肉植物栽植在一起即可，最后还可利用配件来丰富画面、突出主题。

多肉微景观的创作要符合美学原则。良好的观赏性是微景观设计最主要的目的，是在满足多肉植物基本生长条件发挥其生态功能的基础上更高层次的追求。因此一个好的微景观必须使科学性和艺术性相结合，相统一，在满足多肉植物所需生境的前提下，通过艺术构图原理体现出其个体及群体的形式美，在搭配组合的时候充分考虑它们的不同特征，合理搭配。

5.3.6.3　多肉微景观的养护

（1）水分管理

多肉植物耐干不耐湿，在养护时要避免盆内积水，长期处于过湿的环境中植物容易烂根；但也不能不浇水，多肉植物虽说耐干旱，然而并不意味喜欢干旱，植株长期处于干旱的环境中会出现生长不良、叶色暗淡的现象。所以多肉植物的浇水原则是不干不浇，浇则浇透。

（2）光照和温度管理

多肉植物大部分喜欢充足的光照，充足的光照可使其茎秆粗壮、叶片肥厚富有光泽。光照不足会造成植株徒长，并使其原有色彩发生变化。但是也有少部分多肉对光照需求较少，如玉露、宝草、球兰等。多肉植物最适生长温度为 10 ～ 30℃。

（3）病虫害防治

病虫害防治有物理预防和化学治理 2 个方面，主要以预防为主。物理预防就是让植物尽量多通风，减少植物和雨水的接触。因为土壤过湿和不透气会引起多肉植物的黑腐病、白粉病等。虫害常发生于春秋两季，可以定期喷洒少量农药预防，对于已经产生的病虫害可以用专业杀菌剂、杀虫剂喷洒进行防治。

■ 本章思考题

（1）水养观赏植物如何养护与管理？

（2）组合盆栽的植物如何选择？

（3）微景观如何制作？

第6章

家庭花卉与小花园营建

罗伯特·布里奇斯曾在《花园的魔法》中写道，"花园是心灵的镜子"，无独有偶，托马斯·杰斐逊也认为，"花园是大自然的微缩版，是人类心灵的乐园"。建造小花园对个人和社区都有着重要的好处。小花园不仅可以为人们提供一个放松身心的空间，还可以改善周围环境，促进生态平衡，培养人们的责任感和耐心。

小花园是一个理想的休闲场所。在现代都市生活中，人们常常面临着高强度的工作和生活压力，而小花园可以成为一个让人们远离喧嚣、放松心情的天地。在小花园里，人们可以与大自然亲近，享受花草树木带来的美好，感受自然的宁静和安宁，从而缓解压力，舒缓身心，提升幸福感。

小花园对环境有着积极的影响。种植花草树木可以增加绿色植被覆盖率，改善空气质量，净化环境。植物通过光合作用释放氧气，吸收二氧化碳，有助于净化空气，改善空气质量。此外，小花园还可以吸引各种昆虫和鸟类，丰富生态多样性，促进生态平衡，维护生态环境的稳定。

参与花园设计和养护可以培养人们的责任感和耐心。在小花园里，人们需要精心照料花草树木，定期浇水、修剪、施肥等，这需要耐心和细心。通过参与花园的设计和养护，人们可以培养对自然的热爱和尊重，培养责任感和耐心，提升个人的修养和素质。

6.1·常见家庭花卉

家庭花卉是小花园营建的主体，对常见家庭花卉深入的了解是小花园营建的基础。本节选取了 50 多种常见的家庭花卉进行介绍。这些花卉以草花为主，包括一二年生花卉、宿根花卉、球根花卉等，也有一些常用花灌木和地被植物，花期分布涵盖四季，也包含一些水景植物。家庭花卉可以地栽在小庭院里，也可以做成盆栽放在阳台等室内空间。

■ 6.1.1　常见春季花卉

常见的春季花卉有香雪球 [*Lobularia maritima*（L.）Desv.]、仙客来（*Cyclamen persicum* Mill.）、黄水仙（*Narcissus pseudonarcissus* L.）、香雪兰 [*Freesia refracta*（Jacq.）Klatt]、郁金香（*Tulipa × gesneriana* L.）、金盏花（*Calendula officinalis* L.）、矢车菊（*Centaurea cyanus* L.）、家天竺葵（*Pelargonium domesticum* L. H. Bailey）、虞美人（*Papaver rhoeas* L.）、芍药（*Paeonia lactiflora* Pall.）、飞燕草 [*Consolida ajacis*（L.）Schur]、荷包牡丹 [*Lamprocapnos spectabilis*（L.）Fukuhara]、耧斗菜（*Aquilegia viridiflora* Pall.）等植物，具体简介可扫描二维码查看。

常见春季花卉
简介

■ 6.1.2　常见夏季花卉

常见的夏季花卉有碧冬茄（*Petunia × hybrida*）、新几内亚凤仙花（*Impatiens hawkeri* W. Bull）、六倍利（*Lobelia erinus* Thunb.）、繁缕 [*Stellaria media*（L.）Vill.]、毛地黄（*Digitalis purpurea* L.）、绣球花 [*Scadoxus pole-evansii*（Oberm.）Friis & Nordal]、风铃草（*Campanula medium* L.）、藿香蓟（*Ageratum conyzoides* L.）、大丽花（*Dahlia pinnata* Cav.）、大花葱（*Allium giganteum* Regel）、朱顶红 [*Hippeastrum rutilum*（Ker-Gawl.）Herb.]、玉簪（*Hosta plantaginea* (Lam.) Asch.）、铁线莲（*Clematis florida* Thunb.）、睡莲（*Nymphaea tetragona* Georgi）、百子莲（*Agapanthus africanus* Hoffmgg.）、大花萱草（*Hemerocallis hybridus* Hort.）、百日菊（*Zinnia elegans* Jacq.）、松果菊 [*Echinacea purpurea*（L.）Moench]、凌霄 [*Campsis grandiflora*（Thunb.）Schum.]、叶子花（*Bougainvillea spectabilis* Willd.）、黄栌（*Cotinus coggygria* var. *cinereus* Engl.）、蛇鞭菊 [*Liatris spicata*（L.）Willd.] 等植物，具体简介可扫描二维码查看。

常见夏季花卉
简介

■ 6.1.3　常见秋季花卉

常见的秋季花卉有联毛紫菀 [*Symphyotrichum novi-belgii*（L.）G. L. Nesom]、紫菀（*Aster tataricus* L. f.）、金光菊（*Rudbeckia laciniata* L.）、万寿菊（*Tagetes erecta* L.）、紫珠（*Callicarpa bodinieri* H. Lév.）、蓝花鼠尾草（*Salvia farinacea* Benth.）、彩叶草（*Coleus hybridus* Hort. ex Cobeau）、千日红（*Gomphrena globosa* L.）、香彩雀（*Angelonia angustifolia* Benth.）、五星花 [*pentas lanceolata*（Forssk.）K. Schum.]、三色堇（*Viola tricolor* L.）、紫罗兰 [*Matthiola incana*（L.）W. T. Aiton]、银叶菊 [*Jacobaea maritima*（L.）Pelser & Meijden]、金鱼草（*Antirrhinum majus* L.）、羽衣甘蓝（*Brassica oleracea* var. acephala DC.）等植物，具体简介可扫描二维码查看。

常见秋季花卉
简介

■ 6.1.4 常见冬季花卉

常见的冬季花卉有四季秋海棠秋海棠属、大花酢浆草（*Oxalis bowiei* Lindl.）、大吴风草［*Farfugium japonicum*（L. f.）Kitam.］、黄秋英（*Cosmos sulphureus* Cav.）、铁筷子（*Helleborus thibetanus* Franch.）、番红花（*Crocus sativus* L.）、山茶（*Camellia japonica* L.）等植物，具体简介可扫描二维码查看。

常见冬季花卉
简介

6.2 · 家庭阳台小花园

现代人的生活节奏越来越快，人们在高度的工作压力面前，总希望能够更接近自然，拥抱自然，拥有一个私人花园。然而在现实生活中，由于空间和物质条件的限制，很难有这样的机会。基于人们对自然的极度渴望，家庭阳台小花园的营造越来越流行。阳台几乎是每个家庭都有的小空间，通过合理的设计与布局，可将自然景观有机地融入阳台小空间，从而可大大提高阳台的美观度，并可营造出生机勃勃的生活氛围。

■ 6.2.1 阳台的类型

植物是家庭阳台小花园营造的主角，植物自身生长状态的好坏将直接影响阳台景观的美学效果。在开始设计和改造前一定要对阳台的环境有充分的了解，才能科学设计，取得最佳的观景效果（图6-2-1、图6-2-2）。

图6-2-1 家庭阳台设计示例（作者：李会）

图6-2-2 闭合式阳台示例（作者：田云芳）

城市阳台根据空间的闭合程度分为：开放式阳台和闭合式阳台。

开放式阳台指没有用玻璃等建材封闭，可与外部环境相互连接的阳台。这种阳台采光和通风条件良好，视野开阔，景观可延伸到外部，内外均可观赏，适宜的植物类型较多，设计和改造的空间大。但由于与外界环境相连接，温度是最重要的影响因子，我国南方阳台多属于此类。在材料选择上开放式阳台多选择防水、防潮、防腐木、瓷砖等。

封闭式阳台指被透光建材包裹，与外部环境不直接连接的阳台。这种阳台采光和通风条件都受到限制，景观多数只供室内欣赏，如果植物养护不当极易闷死，适宜选择对阳光和通风要求不高的植物种类，设计和改造的空间受限。但其安全性好，能够防尘、防风、防雨雪、防噪声，我国北方阳台多属于此类。

城市阳台根据朝向分为：南向阳台、北向阳台、东向阳台和西向阳台。

植物向阳而生，南向阳台是所有朝向中阳光最充足的阳台，晴天时每日能有 6h 直射光，属全日照，能满足较多植物的光照需求，适宜选择阳性植物，如月季、茉莉、三角梅、彩叶草、睡莲等。东南向和西南向阳台情况基本与南向阳台相同。

北向阳台采光最弱，基本没有直射光，只有散射光，适宜选择阴性植物，如龟背竹、蕨类、文竹、常春藤等。北向阳台在冬季的时候易遭受低温危害，需要注意防寒工作。东北向和西北向阳台情况与北向阳台相近。

东向阳台每日有约 4h 直射光，属半日照，且光强较弱，仍要以阴性植物为主，可选择阴性植物中光照需求较强的植物种类，如旱金莲、君子兰、山茶、四季秋海棠等。

西向阳台有西晒现象，即只能在下午有太阳直射光，且光照强度强烈，温度偏高。在植物选择上应考虑温度因素，尽量选择耐强光、耐高温的植物，如太阳花、仙人掌、多肉多浆植物等。

城市阳台根据楼层可分为：低楼层阳台和高楼层阳台。

低楼层阳台易受到建筑物、绿化树木的遮挡，采光和通风都会受到影响，即便是南向阳台，也需选用耐阴植物。

高楼层无遮挡，在采光和通风上都会更优良一些，但是高楼层阳台风大，植物易出现干旱现象，需要适当增加浇水的频率。且高楼层阳台应尤其注意安全问题，选择更牢固的花盆和栽培设施十分重要，应谨防高空坠物。

■ 6.2.2 阳台的设计与改造

在充分了解需改造阳台的环境条件后，开始进行阳台的设计与改造。一个美丽的阳台基础环境非常重要，就像画画的底板一样，干净整洁的背景才能绘出美丽的图画。所以要先进行阳台基础部分的建设，然后才是植物的选择与布局。

6.2.2.1 常见的阳台布局方法

（1）摆盘

盆栽是阳台花园最常用的方式之一，即把各种花木栽植于不同大小、造型、材料的花盆中，而摆盘则是阳台植物最常见的造景方法。摆盘即是把各种盆栽按大小、高低等顺序，依次摆在阳台的地面或阳台的护栏上。放在护栏上的盆栽应固定，以防止花盆掉落。

摆盘较灵活、简易，是最"傻瓜"式的布置方法之一。一般而言，用于摆盘的植物最好具有耐晒、抗寒或者四季开花等特点。就阳台朝向而言，朝南的阳台可摆放喜阳植物，如月季、天竺葵、石榴及多肉植物等；朝北的阳台可摆放耐阴的植物，如龟背竹、万年青、白鹤芋（一帆风顺）、八角金盘等；朝东的阳台宜选择兰花、花叶芋、棕竹这些半耐阴的短日照植物；朝西的阳台要种一些易存活的植物，如吊兰、绿萝、富贵竹等。

（2）悬挂

悬挂是利用吊盆把植物悬挂在阳台上方，不占用地面的空间，特别适用于小阳台。悬挂选用的植物最好属于枝叶自然下垂、蔓生或枝叶茂密的观花、观叶类，如吊兰、鸟巢蕨、吊金钱、佛珠、蟹爪兰、常春藤等。采用悬挂式的摆设方法时，吊盆的外形与颜色应与植物搭配。如果能够利用多个吊盆高低错落地布置，或者把3～4个吊盆用同一条绳串在一起，则更能增加阳台的美感。

悬挂也能细分成两种：一种是吊盆像吊灯一样悬挂于阳台顶板上，或是在墙体上安装一些吊架，然后用小容器将鸟巢蕨、蟹爪兰等放在吊架上，这样不仅可节约地方，还能美化立体空间；第二种是在阳台护栏沿上安装容器的托架，然后栽植藤蔓或披散形植物，如吊兰、常春藤等，使其枝叶垂挂于阳台之外。许多欧洲小城非常喜欢利用第二种方式，把街景与阳台装点得如油画般美丽。

（3）藤架

如果想把阳台上方变成一个绿色的顶棚，可以考虑在阳台的四周分别立一根竖杆，然后上方置放横杆，使其形成固定的棚架，或者在竖杆中间牵几段绳子，类似空中栅栏，最后把藤蔓植物的枝叶牵引至架上即可。如果种植得当，可以形成一个绿色的棚架。也可在做好安全措施的前提下，把竖杆适当向外延伸，日后植物生长，可覆盖形成一道天然的遮阴篱笆，从而成为独特的立面景观。藤架适用的植物有金银花、茑萝、牵牛花、葡萄、紫藤、常春藤等。

（4）花箱

花箱是采用固定的种植槽在阳台上栽种花木，使植物能够整齐而集中地茂盛生长，从而形成独特的景观。种植槽可以是单层的，也可以是立体的，一般放置在阳台的地面或阳台围栏边缘的铁架上。种植槽要有一定的深度，里面可放土栽花，也可以种菜。如果阳台面积比较小，种植槽最好固定稳妥后再悬挂在阳台外侧，既安全又不占阳台空间。悬挂在阳台正面的种植槽，可种植低矮的或匍匐的一二年生花卉，如矮牵牛、半枝莲、美女樱、金鱼草、矮鸡冠、凤仙花等。阳台两侧的种植槽，可种些爬藤植物，如红花菜豆、旱金莲、文竹等。还可以用竹竿、金属丝或绳子等作引线，使这些爬藤植物缠绕其上，既美化环境，又能遮挡夏天的强光。固定的种植槽由于换土较困难，且底部大都没有漏水孔，因此一般直接将盆栽植物置于槽中进行组合摆放。

花箱一般为长方形，摆放或悬挂都比较节省阳台的空间，即可把培育好的盆花摆进花箱，再将花箱用挂钩悬挂于阳台的外侧或平放在阳台的护栏上沿。落地摆放的花箱适用于面积较大的长廊式阳台，可欣赏到更为灿烂的花开盛景。如果阳台是用镂空围栏的，更可让植物枝条从镂空处悬吊下去，从而形成一道绿色风景线，这既是室内装饰，又是室外装饰。

（5）附壁

附壁和藤架有异曲同工之妙，而且适用于藤架的攀缘植物同样也可在附壁式阳台中使用。不过和藤架不同的是，附壁更着重打造绿色的墙面，即通过安装在阳台两侧或者内侧墙壁上的网格，引导攀缘植物对阳台上的围墙或两侧空间进行绿化。附壁的网格多为木质或者金属质地，摆放比较灵活，可根据阳台的朝向或者植物的特性进行针对性设置。附壁网格除了有助于绿化围栏及阳台的墙壁外，也可镶嵌特制的壁挂式花盆，以栽种观叶植物。

（6）叠架

为了扩大种植面积，较小的阳台常采用园艺市场中常见的叠架进行立体绿化。叠架是利用阶梯式或其他形式的盆架放置花卉，可在阳台上进行立体盆花布置，也可通过定制将盆架搭至阳台围栏上，向户外要空间，从而加大绿化面积并美化街景。

叠架的好处是能够最大限度地利用阳台的空间，打造出充满层次感的空间景观。但因为花盆在叠架的造景中是上下摆放的，故花盆样式与植物造型之间的搭配也是需要认真考虑的，如盆体较大或者植株较茂盛的花木适宜放在叠架底层。

（7）花坛

花坛是工程量较大的一种阳台布局方式，需要在阳台适当的地方砌一个固定的花坛或者花基，通过较大面积的种植，利用各式的植物组合出其他布置方法所不能比拟的效果。

阳台花坛不能照搬道路或者庭院绿化带的样式，而应因地制宜，需采用轻质的砖、石等材料砌成。阳台花坛的高度一般控制在 20～30cm，宽度控制在 15cm 左右较为适宜。同时，阳台毕竟不同于庭院，除了在建造花坛时应尽量选择质量较轻的材质外，同时应尽量避免建在阳台靠外的一侧，以免因承重而出现安全问题。建造阳台花坛时，亦需要做好排水措施，否则很容易对楼下的住户造成困扰。

（8）纵横

纵横可以看作为藤架式与附壁式的结合，即栽种攀缘植物，通过墙壁的垂直绿化和阳台顶上的水平绿化，形成一顶包围阳台的绿色帐篷，可起到美化家居环境及遮阳降温的作用。一般西向阳台在夏季，会受到较强的光照影响，采用垂直绿化配以一定的水平绿化较为适宜。随着时间的推移，攀缘植物就会铺满整个墙壁，宛如绿色帘幕，令人赏心悦目，亦可遮挡烈日，对墙体起到隔热、降温的作用，使阳台形成清凉、舒适的小空间。

在朝向较好的阳台，可采用水平绿化再结合一定的垂直绿化，让植物在头顶攀爬而过，同样也可以使阳台绿意盎然，而且也不影响阳台的对外观景功能。在实际操作中，为了让阳台更具美感，要根据具体条件选择合适的构图形式和植物材料。

6.2.2.2　阳台的改造步骤

（1）改造前的准备工作

在正式开始建设之前，要对阳台进行整体的规划设计。根据阳台的采光通风条件，划分出植物种植区和休闲区。在植物种植区，根据采光配置阳性植物、中性植物或阴性植物等，还可通过垂直空间设置爬藤类植物，总之，一定要将阳台上光照最充足的地方留给植物种植区，以便满足植物对光照的需求。在休闲区，可以根据自己的需求设置茶台、阅读角、小吧台等，以满足休闲功能。

（2）阳台的基础部分建设

阳台的材料选择非常重要，优先选择具有防水、防潮、防腐功能的建材。形态上要尽量贴近大自然的形态，才能更好地将景色融入进来。根据设置好的风格，先对不符合要求的地面、墙面进行改造。如果不想拆除地面，可以选择防腐木地板进行改造，这种地板是卡扣拼接的，操作起来非常简单，1人就可以独立完成。墙面改造多采用花架格栅、木栅栏或隔板，可根据阳台的情况和设计风格，自行选择。

在地面改造的同时，要考虑防水和排水问题。阳台防水必不可少，阳台的防水层一般不能低于30cm，若阳台设置有洗衣机，需要做到60cm以上。若拆除地板，一定不能破坏阳台的防水层，或考虑重新做防水，以免阳台漏水造成不可挽回的损失。地面铺设时要有2～3cm的高度差，方便排水。地漏的位置要尽量隐蔽且合理。植物生长过程需要大量的水分，科学合理地安排阳台排水口可大大减少后期的清洁工作，也可以免去因积水引起的阳台问题。如果设置了可自排水的鱼缸，鱼缸的位置应尽量接近排水口。

地面和墙面改造完成后就可以改造灯光了。阳台本身的光源很难满足植物的需求，考虑到花园设计的风格和烘托氛围，就需要加设光源。灯具的选择尽量与阳台风格相匹配，也可选用太阳能灯带等节能产品，可以减少耗电量。

（3）植物选择与布局

在基础设施完成后，进行植物的选择和布局。阳台空间有限，一定要充分利用，合理选配植物与布局。根据阳台的采光、通风和排水位置进行植物的摆放，摆放时需考虑不同位置的环境条件。

布局时，优先布置主景植物，起到画面骨架的作用，然后再填充其他植物。主景植物一般选择常绿且造型稳定的植物，如琴叶榕、三角梅、发财树等。主景也可以选择爬藤类植物，如藤本月季、铁线莲、常春藤等。

选择角落位置打造视觉焦点。可以利用花箱、花架、挂盆、爬架等设施在角落打造高低错落的景观，营造视觉焦点。也可以选择一整面墙设置花架格栅，打造成一整面花墙。

最后就可以根据阳台风格设置茶台、休闲椅、装饰小品等，以营造一个理想的阳台小花园。

▪ 6.2.3　阳台植物的管理与养护

6.2.3.1　植物选择

（1）选购健康无病虫害的植物

家庭花卉主要来自市场的购买，在选购花卉时需要注意选购健康无病虫害的植物。首先是选购季节，以观叶植物为例，室内观叶植物在市场上全年都可以购买到，但是观叶植物一般原产于热带雨林中，全年里春夏生长最为旺盛，因此在生长旺盛的季节购买品质最佳。其次，观察根系生长情况。根是植物能否健康成长的根本，根部的健康关系植物整体的健康。在选购植物时，可打开花盆观察植物根系的情况，健康的根系呈白色，生命力旺盛，吸收能力强。黄色的根为老根，生命力较弱，吸收能力也弱。如发现大量的黑色根系、萎蔫细弱的根系，一般是由于土壤板结或花盆积水导致的根部坏死。除了观察根系的颜色，还应查看根系的密度和分布情况。健康的根系密度适中，与花盆大小相宜，过密的植物根系无法获得足够空间，过疏的植物根系不能有效地利用空间，也不能为植物提供足够的水肥。再次，观察植物的生长势。长势好的植物叶片浓郁有光泽，叶片茂密，不断有新芽萌发。新芽萌发代表植物根有活力，生长旺盛。蕨类植物，叶片不能有黑斑；斑叶植物，应花斑明显，颜色鲜亮；藤本植物应选择茎部无损伤，株型饱满的植株。最后，检查病虫害。观察叶片、茎尖、根部是否存在黄斑、黑斑、褐斑、炭疽斑、红斑等病斑，是否存在虫卵以及虫啃食等痕迹。如不慎购入病株，则有可能危害其他健康植株。

（2）根据阳台的采光情况选择植物类型

南向阳台为全日照环境，适合种植阳性植物，如月季、茉莉、米兰、天竺葵、三角梅、铁线莲、彩叶草、丽格海棠等；北向阳台采光最差，主要是散射光，应尽量选择阴生植物，如蟹爪兰、口红花、龟背竹、花叶芋、吊兰、绿萝、常春藤、肾蕨、吊竹梅等；东向阳台属半日照环境，适宜种植喜光稍耐阴植物，如山茶、杜鹃、长寿花、君子兰、千叶兰、薜荔、旱金莲、蓝雪花、倒挂金钟等；西向阳台属于半日照环境，因为有西晒现象，宜选择阳生、耐高温、耐旱、抗性强的植物种类，如金银花、牵牛花、羽叶茑萝、长春花、石榴、牵牛花、松叶牡丹、龙船花、五星花等。

6.2.3.2 常用基质

阳台花园的建造多使用盆栽。常见的栽培基质有泥炭土、园土、椰糠、水苔、陶粒、珍珠岩、蛭石等。不同的基质性质不同，根据植物的性质合理选择基质才能使植物更健康。

（1）泥炭土

保水保肥能力强，质地轻，无病虫害和虫卵，但本身所含的养分较少。

（2）园土

肥力较高，团粒结构好，但干时表层易板结，湿时通气透水性差，不宜单独使用。

（3）椰糠

由椰子外壳纤维粉末制成，透气透水性强，但不含养分。

（4）水苔

一种天然的苔藓，使用前需要充分吸水，可广泛用于各种兰花的栽培。

（5）陶粒

一种陶质的颗粒，透气透水性强，一般用于铺面或者垫底。

（6）珍珠岩

一种具有珍珠裂隙结构的玻璃质岩石，质地轻，透气性好，含水量适中。

（7）蛭石

一种天然无毒的矿物质，具有良好的缓冲性，吸水性强，常用于育苗。

6.2.3.3 常用浇水方法

阳台植物多以盆栽为主，因栽培容器的限制，土壤水分几乎丧失调节的能力，植物获取水分的途径只能依赖浇水，因而阳台植物对浇水的要求较高。良好的土壤水分环境，应该保持合理的干湿变化周期，这样土壤中的空气和水分能够流动起来，植物根系可以有效地呼吸和吸水。不同的植物对水分的要求不同，浇水的时间和频率也不相同，应根据植物对水分和空气的需求而调整。

（1）浇水原则

① 干透浇透　干透浇透原则要求盆土保持干湿交替的状态。浇水时等待盆土干透时浇灌，浇灌时要一次浇透，这个原则主要适合一些具有革质或者蜡质叶片的稍耐旱植物，如文竹、吊兰、君子兰等。

② 见干见湿　见干见湿原则为：盆土表层土壤干了之后就可浇水，浇水时要浇透，直到盆底有水流出。要保持盆土有干有湿，不能使土壤长期处于缺水状态，也不能使盆土处于长期湿透状态，要保持盆土的相对湿度。这种浇水方式有助于土壤中空气与水分的流动，有助于植物根系的健康生长，但是要防止因浇水过多造成烂根的现象。这个原则主要适用于中性植物，如栀子花、米兰、山茶、绣球等。

③ 宁干勿湿　宁干勿湿原则要求盆土长期处于稍微干燥一些的状态。即应减少浇水的频率，等待土壤完全干透之后才浇水，忌排水不良或长期处于潮湿的状态。这种浇水原则适用于耐旱植物，这些植物往往具有肉质肥大叶子或者茎，内部可存储大量的水分，如果长期处于湿润状态反而会烂根死亡。常见的耐旱植物有多肉植物类等。

④ 宁湿勿干　宁湿勿干原则要求盆土始终保持湿润状态，表土一干立即进行浇水，但也不能长期积水，否则易引起烂根现象。这个原则适用于喜湿植物，湿润的土壤环境能够促使植物更加健康地生长，如马蹄莲、龟背竹、玉簪等。

需要注意的是，同一植物在不同生长期需水情况也有不同。一般来说处于生长期的植物需水量较大，处于休眠期的植物需水量小，所以在使用浇水原则的时候，也要考虑植物的生长时期。如落叶植物在冬季休眠时应该减少浇水的次数；球根花卉休眠后停止浇水；中性植物生长期选择"见干见湿"的浇水原则，等到休眠期的时候应转为"宁干勿湿"的原则。另外，不同的季节浇水的频率也不相同。夏季温度高浇水频率高，冬季浇水频率低；连续晴天水分蒸发快，浇水频率高，连续阴天，浇水频率低。最后，不同土质不同容器浇水的频率也不相同。沙土的保水性差，浇水的频率高；黏土的保水性强，可适当减小浇水频率。陶土花盆透气性好，水分散失快，浇水频率高；塑料花盆透气性差，水分散失慢，浇水频率较低。

（2）浇水时间

确定盆花浇水的时间可以采用以下方法。首先，用手指插入土壤约2个指节，若土壤干燥便可浇水。其次，对于叶片厚革质、蜡质或多肉多浆植物，可在叶片稍微下垂，肉眼感到缺水时浇水。最后，可以将花盆掂起来，感觉花盆的重量变化，变轻时即为适宜的浇水时间。

（3）浇水方式

常见的盆花浇水方式有浇水、喷雾、浸盆等。浇水时，用水壶贴着盆沿浇，不要淋湿叶片，这种方法适合叶片怕湿水的植物。喷雾的主要作用是增加空气湿度，对于原产于热带雨林的室内观叶植物，它们正常生长所需的空气湿度较高，就需要通过喷雾来增加空气湿度。浸盆指将花盆放入一个装水的大盆中，使水通过花盆底部的通气孔，均匀地渗入土壤中的过程，当表土湿润时取出。这种浇水方式可以将盆土彻底浇透，对于中性植物和耐旱性植物都可以使用此种方法。

6.2.3.4 常用施肥方法

植物健康生长需要大量的养分，合理施肥可以有效地改良土壤的结构，为植物提供充足的养分。对于盆栽植物来讲，由于花盆的空间限制，随着原始基质养分的耗尽，所有的养分几乎都来自后期的施肥，因而合理施肥是保证植物健康成长的重要措施。

（1）常用肥料种类

① 有机肥　常见的有机肥有鸡粪、羊粪、蚯蚓粪、骨粉、豆饼肥等。有机肥绿色环保，市面上销售的动物粪便肥料都是经过处理的，几乎没有任何味道，可以非常方便地在阳台使用。有机肥主要作为基肥使用，能够供给植物的整个生长期，往往见效比较慢，但能够持续不断地发挥肥效。

② 速效肥　常见的速效肥是化肥，最常用的就是复合肥。复合肥有不同的配比，选购时应根据植物的生长情况挑选适合的配方。速效肥往往作为追肥使用，追肥的作用主要是为了满足植物某个时期对养分的大量需求，如花期前后，可用于补充有机肥的不足。速效肥见效快，使用灵活，要根据植物的生长期所表现出来的缺素症，或者根据植物所在生长期的需求对症施肥。市场上能够买到的速效肥有"花多多""美乐棵"等，都有不同的型号，使用时要根据说明选择施用。

③ 缓释肥　缓释肥又叫长效肥，属化肥的一种。与普通的化肥相比，缓释肥释放肥料养分的时间长，能够涵盖植物的整个生长周期，可提高肥料的利用率。缓释肥可以作为基肥拌在土壤里使用，也可以在后期施用在盆土表面。

（2）施肥的原则

① 按需施肥　植物的生长分为不同的阶段，生长期植物生长迅速，所需的养分多，休眠期植物需要的养分较少。施肥时应按照植物的需求进行施肥。春夏植物生长旺盛，肥料可以被充分地吸收，入秋后施肥次数和数量就要逐渐减少，冬季低温或植物休眠期宜少施或不施，夏季休眠或者生长缓慢的植物也应减少施肥。还应注意的是，降雨或者高温的中午不适宜施肥。

② 按种类施肥　肥料的成分不同，对植物生长发育的作用也有着显著的差别。氮肥可以促进植物的营养生长，磷肥能够促进植物开花结果，钾肥能使植物韧性增强，利于冬季越冬。在购买肥料时要查看肥料的成分表，针对植物不同的生长阶段，合理地选择复合肥的成分和比例。也可以直接选用经过配比的专用肥料，省去计算的麻烦，如多肉专用肥、兰花专用肥、

月季专用肥等。

③ 按量施肥　植物施肥的用量要有一个限度。不管什么肥料，施肥过多，植物易遭受肥害，表现为叶片卷曲、焦枯、发黄，严重时植物死亡。施肥不足时，植物营养不良，可导致植株瘦弱，生长势弱，发芽势弱，开花延迟，花量少，或者开花质量不高。所以在施肥时应严格按照说明来使用，浓度宁可略低一些，薄肥勤施，防止施肥浓度过高，引起烧苗发生。

（3）缺肥的症状

土壤肥料不足时，植物会生长不良，呈现缺肥的症状，这时需要对症施肥，不能盲目施肥。每种植物对肥力的敏感度不同，缺肥症状也会有所不同，应及时发现病症，进行肥料补充以缓解缺肥对植物引起的伤害。

① 缺氮　最初叶片表现淡绿色或黄色，不久茎秆也发生同样的变化。叶色变化通常是从老叶片开始，而后逐渐扩展到整个叶簇。

② 缺磷　最初表现为生长缓慢，随后叶片出现黄斑，茎细长，富含木质，叶片较小，叶色较深，延迟结实和果实的成熟。

③ 缺钾　最初植株下部叶片尖端变黄，并沿叶片边缘逐渐枯黄，叶脉两边和叶中脉仍为绿色。

④ 缺钙　表现为生长缓慢，形成粗大的富含木质的茎，植株顶端及幼嫩部位表现症状明显。

⑤ 缺锌　叶脉中间叶肉变黄，顶端先受影响而生长缓慢。

⑥ 缺硼　顶端生长点死亡，根系发育不良，植物只开花不结实或开花不正常。

⑦ 缺铁　铁是叶绿素合成的关键元素，缺铁时新生的叶片开始变黄，并渐渐褪成白色。

6.2.3.5　常见病虫害防治措施

（1）常见病害及防治措施

植物的病害通常有两种致病因素，一种是环境因素，如温度、光照、水分、土壤等条件不适宜，均可引发植物病害；另一种是微生物侵染，微生物引起的病害往往具有传染性，应及时防治，以免引发其他健康植株染病。

① 环境因素导致的病害　家庭阳台环境下，常见的由于环境因素导致的病害包括低温伤害、高温伤害、肥害等。

a.低温伤害　低温伤害包含冻害或寒害。在冬季防护不当时，会引起植物低温伤害。对于零下的低温引起的伤害称为冻害，而零上的低温引起的伤害称为寒害。低温伤害严重时会引起植物冻伤或冻死。一些热带植物在我国北方越冬时，会产生寒害现象，所以应根据植物的耐寒性，及时采取越冬防寒措施。

b.高温伤害　植株在夏日正午，高强度太阳辐射下，会发生日灼，植物被晒伤。严重时，植物叶端、叶缘、叶面会出现焦黄烧灼现象。所以太阳辐射强度大的地区或者时间段应及时遮阴以免引起晒伤。

c.肥害　肥害是由于施肥过量引起的烧苗现象。肥害严重时，植物叶子皱缩、发黄、枯萎，最后会引起植株死亡。施肥时应严格按照说明进行勾兑，坚持薄肥勤施的原则，避免肥害发生。

② 微生物导致的病害　家庭阳台环境下，常见的由于微生物导致的病害包括白粉病、黑斑病、炭疽病等。

a.白粉病　白粉病由真菌中的白粉菌引起，主要发生在植物的叶、嫩茎、花梗及花蕾等部位。病症发生初期病部呈现白色粉末斑点，扩散后可连成片。当植物所处的环境不通风、光线条件差时特别容易发生白粉病。可用粉锈宁、碳酸氢钠等防治。

b.黑斑病　叶片上有明显的褐色斑点，斑点会逐渐扩大，老叶子上较为严重。黑斑病在长时间的高温高湿环境下很容易自然发生，所以预防是关键。一旦发现，要及时处理病叶，并且喷药治疗，防止扩散。可用石硫合剂、多菌灵等防治。

c.炭疽病　为盆栽很常见的一种病害，初期为黑褐色凹陷病斑，后面逐渐扩大形成中央有坏疽的病斑。多发于高温高湿及通风不良的环境。可用代森锰锌、波尔多液、甲基托布津等防治。

（2）常见虫害及防治措施

① 红蜘蛛　红蜘蛛呈橘黄色或红褐色，个体极小，且多藏于叶背，不易发现，一旦发现往往花卉受害已经比较严重了，暴发时会织成像丝一样的网状物。红蜘蛛在叶片吮吸汁液，破坏叶片组织，使叶片呈现灰黄点或斑块，并可能出现卷曲、皱缩、枯黄、落叶等病症。红蜘蛛喜高温干燥的环境，每天给植株喷水有预防效果。个别叶片受害，可摘除虫叶，较多叶片受害时，应及早喷药，可用爱卡螨、丁氟螨酯等农药，注意叶片背面也要喷到药剂。

② 小黑飞　小黑飞（学名眼蕈蚊）喜欢潮湿温暖的土壤环境，幼虫喜欢取食土壤内的腐殖质，也会残害植株的根茎，根茎可因出现伤口而感染病菌，危害植株健康。尽量保持养护环境的良好通风，不通风的温热环境小黑飞的繁殖能力特别强。小黑飞成虫飞行能力偏弱，通过喷洒阿维菌素等药物能有效灭杀。还可以通过物理手段对其进行预防和灭杀，如悬挂黄色粘虫板，或者用蚊香驱赶都能达到不错的效果。

③ 蚜虫　蚜虫在高温潮湿以及不通风的环境下极易发生，可造成植物生长率降低、叶斑、泛黄、发育不良、卷叶、枯萎以及死亡。蚜虫的唾液对植物也有毒害作用，还能够在植物之间传播病毒。一旦发现，应马上剪除有虫的部位，用清水清洗叶片，也可用黄色粘板诱杀。如果暴发，则必须及时喷洒药物灭虫，可用吡虫啉、阿维菌素、溴氰菊酯等药物防治。施药时需做好自身保护措施，戴上口罩、手套等，防止药物对人体产生危害。

④ 介壳虫　介壳虫体型微小，种类繁多，多附生在植物的叶片、茎部及根部，以口器刺入植物吸食汁液，可导致叶片枯黄、脱落。介壳虫喜欢闷热、隐蔽的环境，枝叶过密，利于其生存和繁殖。介壳虫繁殖能力特别强，一旦发现介壳虫，就要仔细检查全株植物，每个缝隙都不要错过。介壳虫数量不多时可采用物理法杀灭，即可用针或者镊子扎破介壳虫；还可用高浓度的白醋整株喷洒，介壳虫密集的地方用棉球蘸白醋擦拭；或者用毛笔蘸浓度75%的酒精擦拭虫害部位。如大面积暴发可用国光蚧必治、护花神等药物喷洒。

6.3 · 小庭院景观

　　庭院是一个既可以从远方眺望欣赏，又可身处其中舒缓身心的地方。盛开的鲜花可以点亮一天的心情，植物的陪伴可以治愈心灵，给予一天的正能量。小庭院或者一个小的开放空间，如院墙边、停车场一侧、小花坛等，哪怕只是个小小的角隅，只要稍加设计都可以变成一个小花园。小庭院空间小，方便打理，还可以增进家人之间的沟通与交流，只要设计合理，布局得当，就可以营造非常好的景观效果（图6-3-1）。

图6-3-1　庭院花境示例（作者：路童瑶）

▪ 6.3.1　小庭院的环境因素

　　植物的健康生长与外界环境密不可分，健康的植物才能最大程度地发挥景观的效果。打造小庭院之前一定要先了解庭院的基本环境特征，根据庭院的环境情况选择合适的植物，才能最大限度地减少生长不良、病虫害等问题，从而可使后期管理变得轻松。常见的影响小庭院植物选择的环境因素有气候、光照、土壤等。

　　（1）气候

　　我国大部分地区地处北温带，共包含热带季风气候、亚热带季风气候、温带季风气候、高原山地气候、温带大陆性气候和热带雨林气候6种气候型，即便是同处于温带季风气候，南北方的气候差异还是非常大。不同的气候，气温、光照和降水量均不相同，因而同种植物在不同的气候下生长情况差异很大。如在我国北方，有些宿根花卉可以正常越冬，有些宿根花卉只能当作一二年生花卉应用。还有些地方，冬季气温极低，原产于热带亚热带的植物会直接冻死，因此，这些地方必须选择耐寒的物种和品种。

　　（2）光照

　　光照是植物生长过程中不可缺少的条件。由于庭院光照时间和强度的不同，可以种植的植物种类也各有不同。庭院中因有建筑物、院墙、树木等而形成了不同的荫蔽空间。一天中太阳直射超过半天的称为向阳处；一天中有2～3h能有太阳直射的称为短日照处；一天中几乎没有太阳直射的称为荫蔽处。

对于不同的场所，要在不同的时间和季节去观察日照的时长。东面在上午的时候光照柔和，西面在傍晚的时候西晒强烈。因为方位的不同，光照的时间段和光照的强度都在变化。在太阳高度角最高的夏季，即便是在北面，有些地方也可以受到一段时间的光照。而季节不同，光照的时间也会有变化。当落叶树的叶子都落了的时候，有些空间也会因没有了遮挡而变成向阳的地方。

（3）土壤

土壤是植物赖以生存的基础。理想的土壤是土质疏松、排水良好的。排水性、通气性好的土壤，向深 40 cm 左右的洞穴里灌水时，可以自然地将水排掉。如果出现积水，则很有可能是黏性土壤，或者里面埋有建筑废材等，此时需将里面的这些杂质剔除出去，再加入一些有机质改良土质。还可以将种植的地方做成微地形，通过这种方法改善土壤的排水状况。

另外，土壤的酸碱度（pH 值）也是很重要的。大多数植物在弱酸性（pH 值 5.5 ～ 6.5）的土壤环境中更容易生长。在我国的云南、贵州等地，土壤经常是偏酸性（pH 值 5.0 ～ 5.5）的，可以每年加入一次石灰来调整土壤的酸碱度。如果土壤呈碱性，则可以加泥炭来调整。

■ 6.3.2　小庭院的空间布局

（1）功能分区

小庭院的功能分区受面积的影响，可以采取软性分隔的方式进行功能分区。可通过设计多个景观场景，如水景区、休闲区、植物组团等，让小庭院显得更加饱满。例如，用矮墙划分出休闲区，既可确保隔挡的效果，又不显得突兀，如用红砖垒起矮墙，再以石材压顶，其上可以放置盆栽或者仅作为座凳；或者以树池作为分隔，树池里的植物要干净清爽，再用鹅卵石对泥土进行覆盖；还可以用植物进行隔离，植物宜选择矮小的灌木。

（2）道路设计

采用曲折的路径设计是小庭院常用的铺装策略，曲折的园路能延长观赏者的通行距离，无形中放大了人们的视觉观感。曲折的路径不仅有弯曲的 S 形路径，也有各种"之"字形路径，还可以让笔直的路径转几个弯，起到"曲径通幽"的效果。路径的铺装通常采用两种及以上的材料进行组合，以丰富铺装的层次感。例如，将砾石与鹅卵石、石板搭配在一起，或者将碎石与草坪进行搭配，不管是质感还是色彩都会带给人视觉上的变化。

（3）立体布局

在有限的空间内，利用墙面、围栏等做好立体布局，会让小庭院看起来更大。实体围墙上可以直接安装置物板，用于放置盆栽植物，围栏上可用绳子、挂钩悬挂盆栽。盆栽植物宜选择轻质土壤，悬挂的盆栽不宜太大。南向的可选用比较抗旱的植物，如微型月季、天竺葵、矮牵牛等；北向的选择较耐阴的植物，如吊兰、绿萝、观赏石斛等。攀爬植物更是不能少，一面爬藤月季、凌霄或蔷薇的花墙，可以让小庭院充满花香和鲜艳的色彩。

（4）植物配置

小庭院的植物宜选择简单、易购、好打理的品种。现代风格庭院中可选择种植一棵与庭院相匹配的小乔木，如枫树、石榴树等，注意选择冠幅较小、树枝不浓密的树种。中式风格的小庭院搭配一株造型奇特的罗汉松会让院子充满格调。若是田园风情的小庭院，可选择种植开花丰富、色彩鲜艳的植物进行组团，以打造美丽的花境景观。当然，在植物组团时，应考虑叶色、花色、花期等因素的协调。

■ 6.3.3　小庭院的地面铺装

（1）庭院常见铺装材料

小庭院常见铺装材料有：木材、天然石材、砖材、砾石、鹅卵石、枕木、草皮等。不同风格的花园具有不同的表现力，所用的铺装材料及手法也各异。

① 防腐木　庭院铺装材料为木材时，应选用坚硬、耐腐蚀的类型，并且需要经过特殊的防腐处理。木材的呈现形式一般是户外地板，如防腐木地板、塑木地板等。木材相对于石材、地砖等，自带温润质感，应用在花园中可以营造出自然、温馨的氛围。

② 石材　石材是庭院铺装中使用最广泛的天然材料。石材种类繁多，小庭院中通常用的是花岗岩、石灰岩、板岩等，其中尤以花岗岩最为常见。花岗岩硬度高、耐磨、抗压、不易风化，可以使用数百年之久。唯一的缺点就是花岗岩不可避免地会出现色差。

③ 砖石　青砖黛瓦是中国古典园林常用的元素，现代庭院中也少不了砖石的身影。砖石的色彩丰富，大小、形状统一，易于铺出花样，通常作为园路和休闲区的地面铺装材料，可营造出古朴、自然的空间氛围。小庭院中比较常用的是红砖、仿古砖等。

④ 砾石　砾石在中式风格庭院和日式风格庭院中运用得非常广泛，且价格低廉。可用于填充道路缝隙或者形成排水道。砾石是松动的，踩在脚下很舒服。砾石具有较强的排水效果，有助于防止土壤流失，还可以抑制杂草的生长。

⑤ 鹅卵石　鹅卵石是一种纯天然的石材，颗粒小、色彩丰富且表面光滑细腻，常被用于拼接图案，极具设计感。在小庭院中，鹅卵石主要用于铺设园路和休闲区拼花。将大小不一、色彩各异和纹路自然的鹅卵石进行组合、排列，可以创造出令人惊艳的景观作品。

⑥ 枕木　枕木是铁路轨道上替换下来的木头，这些木头经过特殊的处理后，耐腐蚀，不怕风吹、日晒、雨淋。枕木在小庭院中主要用于园路和台阶铺装，搭配砾石、鹅卵石、苔藓等，可打造出沧桑又富有生态感的景观效果。枕木的铺装比较简单，按规则摆放可呈现韵律感，不按规则摆放则充满自然野趣。

（2）其他铺装材料

除了上文提到的常见石材，小庭院中还会使用硬质铺装与草皮或者地被植物混铺的形式，美观的同时可以有效地防止地面温度的上升。

■ 6.3.4 小庭院的植物配置原则

（1）突出园林意境的营造

园林意境是中式园林的灵魂。小庭院要想突出意境，可以选择主景树孤植，以突出视觉焦点，避免种树过多。孤植时要讲究株型优美、造型奇特，如鸡爪槭、石榴树、紫薇、海棠等，这些植物春季嫩叶舒展，夏季枝繁叶茂，秋季霜染后或红或黄，冬季落叶后枝干横疏，每一季都会带给人不同的感受。

（2）注重植物搭配与协调

小庭院设计前要先确定风格，植物配置要与小庭院的整体风格相适宜，做到层次分明。中式风格的院子植物选择相对保守，多选用罗汉松、青竹、桂花、蜡梅、垂丝海棠、石榴、紫藤等，善用植物来比拟人的品格，造园手法上讲究以物喻人，植物配置强调与建筑、山水融为一体。日式庭院的风格相对宁静与质朴，多用光蜡树、红豆杉、鸡爪槭、山茶、日本女贞、樱花等，植物往往搭配置石、沙砾、石笼灯、石钵等，以体现禅意氛围。欧式庭院的植物配置偏好规则式构图，注重庭院的整体平衡和比例关系，常给人一种高度统一的美感，多用梧桐、珊瑚树、石楠、月季、小叶女贞、雀舌黄杨、紫薇、西洋鹃、五色梅等。当然，欧洲各个国家的庭院风格又大相径庭。现代庭院的植物配置较为简约，通常选用日本早樱、四季秋海棠、紫薇、木绣球、金边黄杨、鼠尾草、玉簪等，力求通过植物配置营造开阔的视野。

（3）考虑四季景观的配置

四季有景，季季不同，是很多人的向往。利用植物打造四季色彩不同的小庭院，既不容易使人产生审美疲劳，又可以增加更多的景观。小庭院可以选择春天开花、夏季叶绿、秋天有果、冬季枝干有造型的植物进行栽种，如石榴、海棠、紫叶李、鸡爪槭等，再搭配一些草本植物或叶子鲜艳的宿根植物等，可让小院四季都有景可赏。春季开花的植物有樱花（红、白）、樱桃（红）、紫叶桃（红、粉）、李树（白）、紫叶李、梨树（白）、海棠（红、粉）、山茶（红、白）、月季（红、紫、黄）、三角梅（红、紫红）、紫荆（红）、迎春（黄）等。夏季的观花植物有紫薇（红）、石榴（红）、栀子花（白）、木绣球（白）、凌霄（红）等。秋天，银杏落叶前的金黄、鸡爪槭的红色，以及冬日三角枫、龙爪槐、枣树的枝干都别有韵味。

（4）注意立体空间的利用

对于小庭院而言，想多栽种些植物，使植物搭配更加丰富，那就一定要充分地利用立体空间。藤本植物不会像乔木那样高大，也不像草花需占用较大的地面面积。在靠墙边的位置增加紫藤、凌霄、蔷薇、铁线莲、三角梅、金银花、葡萄等藤本植物，可使立体空间的景观更加丰富。

（5）善于花境景观的打造

植物组团是指不同种类、不同高度、不同颜色的植物，经过合理搭配，打造出的美丽的植物群组。植物组团能丰富空间层次感，引导视线焦点，应着重从植物的高度、色彩、形状等方面进行搭配。不同颜色、高度、株型、质地的草本花卉是最简单的搭配形式，其错落有致，可突出植物的色彩美。可在小庭院的角隅、边缘，或在园路的两侧栽植多年生花卉，组成花境景观。例如，朴素的雏菊、色彩缤纷的郁金香、花色洁白的玉簪和葱兰组成的花境。

（6）巧于水景景观的设置

水景作为点睛之笔，会给小庭院增色不少。流动的水富有灵性，或流水潺潺，或水平如镜，都易使人心旷神怡。小庭院的水景面积不宜过大，可以沿墙边布置，也可穿过园路，架一座小木桥，让水从桥下流过。池中配以水生植物，如荷花、睡莲、凤眼莲、马蹄莲、菖蒲、梭鱼草、莎草、狐尾藻等，创造水上景观，可使水景更具自然情趣。

■ 6.3.5 常见庭院植物的养护与管理

（1）小庭院树木的养护与管理

在小庭院中，由于空间的限制，应尽量选择生长缓慢、枝叶不横向生长的小型树木。小乔木可以作为骨架树，让庭院的景致变得更丰富。乔木的类型没有一定的规定，但最好具有较高观赏价值，如赏花，赏树型，赏叶子颜色、性状、质感，以及赏果实等，或应具有文化内涵，如吉祥、富贵、清雅等。在位置选择上，除了考虑小庭院的空间分配，还应考虑从室内看向庭院景观时的观赏效果。为了保持小庭院空间的整体均衡，树木要经常修剪以控制生长速率和树型。

一些好看的花灌木也可以应用到小庭院中。灌木可以起到连接乔木与草花的作用。如果在花坛里增加一些灌木，还会增加景观的茂盛感和立体感。灌木还可以做篱笆，根据场所的不同采用不同的种植方式，会更加突出庭院的魅力。

（2）小庭院草花的养护与管理

① 宿根花卉 宿根花卉是小庭院景观的主力军。为了让其长久保持花姿，需要根据环境选择植物生长的场所，才能展现庭院一年四季不同的景观。常见的宿根花卉挑选的原则有以下两个方面。

一是环境选择。在适宜的环境条件下栽种宿根花卉才能使其长年呈现出美丽的姿态。选择种植场所时要了解所种植的品种其适宜地区或原产地的环境特征，如此才能更好地进行宿根花卉的养护。主要的有日照条件（向阳、短日照或背阴）、温度（高温或低温）等。

二是种植时期选择。宿根花卉一年有两次适宜种植的时期，即春季和秋季。春季至初夏开花的宿根花卉推荐秋季种植，夏季至秋季开花的宿根花卉推荐春季种植。有些品种不经历冬季寒冷就不会开花，所以这一类的宿根花卉应该在秋季种植。

常见的宿根花卉的养护要点有以下几点。

一是摘心。摘心指的是摘取顶芽。顶芽摘除后，植株侧芽会大量萌发，增加枝干的数量，而且花的数量和质量都会有所提高。

二是剪枝。剪枝指的是剪去多余的叶子和茎秆。剪枝可以减少植株营养的流失，抑制株高，调整株型，使花开得更好。

三是分株繁殖。宿根花卉若在种植后管理不当，生命力就会衰弱，开花也会减少。这时，需要挖出植株，进行分株繁殖。分株指的是将植株分成若干部分，去除老化植株的枯朽部分，从母株上切取根部或地下茎进行移植。分株繁殖可完成植株更新，增加植物数量。分株的时期因植物不同而各不相同。观察母株上新芽的粗壮程度，可以估计分株时期。例如，菊花等以地下茎生长繁殖的种类应在种植约 2 年后进行分株，而像牡丹之类植株较大的种类，应在种植约 5 年后分株。需要注意的是，分株时不要分割过细。新分出的植株需要一段时间充分生长，有些可能第二年不能开花。不同品种的花草之间略有差异，一般分割至有三四个新芽即可。

② 球根花卉　球根花卉能为庭院增添季节感，使庭院鲜艳华美，还能轻松改变庭院整体风格。为了让秋季种植的球根植物更好地装点庭院，需要在其开花之前搭配种植可以开花的花草。郁金香等每年都需要重新种植的品种可搭配一年生草本植物，水仙等只需种植一次的品种则可搭配宿根花草。另外，应在确定庭院主题颜色后再进行搭配，以更好地表现球根花卉的魅力。

集中种植球根植物，能让花色和花型更加鲜明，凸显个性。郁金香第二年花型会变小，应该将其作为一年性观赏花卉，植株间不留空隙，集中种植更具观赏性。一处可种植 10 ～ 20 棵。集中种植花型较大的品种可以给人以华丽的印象。

若想为庭院营造如同原野般自然的氛围，球根花卉要随机种植。一次性种下大量球根花卉，会收获一整片景致。若要搭配花草种植风信子或水仙等大型球根植物，则需在种植花草之前种植球根。搭配花期不同的球根和花草，可使各品种花卉竞相开放，观赏期将更长。

葡萄风信子和番红花等秋季种植的球根植物，比其他花草开花更早。与百合或郁金香等花型较大的球根植物相比，其球根的尺寸和花朵都比较小，株高也相对矮小。从小球根植物中挑选出耐寒的品种，种下之后不需要花费工夫打理，并且每年都会开花。与大型球根花卉相比，小球根花卉花型更可爱，更具吸引力。

将小球根按照品种区分，缩小间隔大量种植，更具观赏性。若选择花期相同的品种组合，则要注意花色、花型、大小、株高的搭配。花型、株高不同的品种搭配种植，能凸显每个品种的个性。搭配株高相同的品种，则能使花朵密集开放，显得更加繁茂。另外，若选择花期不同的品种组合，则可以延长观赏期。

容纳不了盆栽苗的狭小空间或细长形空间，如台阶间隙、庭院死角、门前通道等，可以种些小球根，打造出生机勃勃的空间。虽然空间有限，但小球根精致的花朵更能吸引人的视线。

小球根植物大多低矮，在选择搭配植物时也要下功夫。覆盖地面的地被植物多属于四季观赏型，若选择彩色叶片的品种，则更能凸显小球根植物。另外，地被植物中也有许多花朵美丽的品种，与之搭配，可以打造更加缤纷多彩的景致。

球根植物的球根本身就储存了其生长发育必需的养分，因此，不需要费力打理。主要栽培管理事项如下。

a.种植时间　春种球根最佳种植时间为 3 月中旬至 5 月，夏种球根为 7 月中旬至 8 月中旬，秋种球根为 10 月中旬至 11 月。需要注意的是，若在气温高的 9 月上旬种植，球根可能会腐烂。

b.水分　表层土干燥时充分浇水。严禁断水或浇水过度。

c. 肥料　基本上不需要施肥，但想要球根第二年也开花，应在花谢后施加含钾量高的有机肥，使球根强壮。

d. 病虫害　注意因病毒感染引起的花叶病。注意清除病毒的传播媒介昆虫。

③ 彩叶植物　彩叶植物指叶片带有斑点花纹，呈银色、红棕色、金黄色等，以叶片为主要观赏部位的植物。彩叶植物叶片颜色、形状和图案都富于变化，甚至许多品种的叶子比花更具美感。彩叶植物除了一年生草本植物和宿根植物外，还有灌木和乔木。若在室内种植观叶植物，则一年四季都有不同的彩色景致。彩叶植物相较于花卉来说，种植简单方便，而且可延长观赏时间，极具吸引力。不同品种的彩叶植物其耐寒性、耐热性及喜好的光照条件各不相同，应该根据季节和场所选种不同品种的彩叶植物。

锦紫苏和变叶木丝毫不害怕盛夏的强烈日照，可种植于日照充足的庭院。通过对锦紫苏反复摘心，可使其株型丰盈茂密。变叶木树叶繁茂，不需要多费工夫。橙色和黄色的搭配，与夏季十分契合。

夏季不受日光直射的背阴处，是彩叶植物活跃的舞台。为展现叶片的个性，需要在考虑叶片特点的基础上进行组合。在相邻的位置配置叶片形状、株型和叶色不同的品种，可以充分展现每种植物的特色。半背阴处，选择种植更多的带斑点、银色、彩色条纹的品种，能让整体氛围更加明亮欢快。

以白色为主题色的庭院，银色叶片对庭院整体具有提亮效果。白色虽然也能展现清爽感，但它属于膨胀色，容易让人感觉不鲜明，这就需要在花和叶的形状上下功夫了。例如，鲜艳的红色非常吸引人，但只使用红色会让人感觉有压力，或者过于艳丽。加入红棕色叶片的花草，在保持主题色的同时，还可以让景观更加沉稳。

④ 耐阴植物　住宅附近的庭院多有因建筑、围墙或树木遮挡而产生的短日照地带和背阴地。这些地方不适合反复开花、喜好强日照的花草生长，若是种植，则不仅开花数量减少还易受到病虫害侵害。但是，可以选择耐阴花草，并添加观叶植物，也能在背阴地打造出宁静美丽的景色。由于这些地方日照短，因此应该注意排水，对于生长茂盛的植物要定期对其进行修剪，以保持通风，维持株型。

首先要将建筑物周围改造成明亮的空间，扩大可种植花草的范围。即使是背阴的庭院，将铺路石、围墙或建筑物的墙壁改成白色或明亮色调，也可以增强周围光线的反射，从而提高庭院内的亮度。

从耐阴开花植物中，根据观赏方式挑选适合的品种。若只想欣赏季节性花卉，可选择紫斑风铃草或落新妇这样的宿根花草。若想打造华丽的景色，可选择凤仙花这样花期长的品种。另外，若加入彩叶植物，就算开花较少也能营造鲜艳活泼的氛围，斑点叶片或金黄色叶片可以让庭院整体更加明亮。

⑤ 地被植物　覆盖地面的低矮植物称为地被植物，包括悬吊型植物、匍匐地面的蔓延型植物等。种植地被植物通常以景观修饰为目的，用于遮挡土层裸露地带或影响风景的墙面。用植物覆盖地面，除修饰作用外，也可以解决土壤的干燥和反光、降雨造成的泥泞、杂草等问题。小型庭院中，存在许多如门前大道旁、小径沿线或花坛边缘等间隙，这些地方都可用

来种植地被植物。

（3）四季开花小庭院植物的组合搭配、养护与管理

① 植物的组合搭配　四季开花小庭院的植物养护与管理需要注意草花的组合搭配和移植时间的配合，如此才能营造四季有花的景观。

a. 草花的组合搭配　追求四季开花的庭院景观在草花的选择上应优先选择多年生的宿根花卉和灌木作为庭院的基础景观，这样的选择可以减少季节变迁时移植花草的工作量，也能节省经费。但宿根花卉开花的时间有限，若想延长花期需要配置一年生的草花进行搭配。

b. 批量移植　每年的5月份和11月份需要进行2次批量移植。这个时期有充分的时间和空间进行植物的更替和新组合搭配的设置。在选择植物时要优先选择抗性好的植物种类或品种。

c. 局部移植　局部移植全年都可进行。为了突出不同季节的特色，时令花草必不可少。选择花量大的品种布置在庭院显眼的位置，即使数量少也可以起到好的景观效果。在季节交替的时节，提早种一些下季的植物，可以使植物能够更好地融入周围的环境，也可以使季节的衔接更为柔和。

d. 花期的组合搭配　将不同花期的3种植物搭配在一起就可以打造出每个季节景色不同的景观效果。搭配时要注意，同种植物不要固定放一起，要拆分为多个团块放在2～3处地方。还需要注意不要错过合适的移植时间，以免引起花期的延迟或移植失败。如宿根花卉，要选择耐热抗寒、一年四季都可以种植、生命力顽强的植物种类。宿根花卉在种植初期植株较小，但是会逐年长大，要预留生长的空间。通常植株较大的可以种在后方，与常绿类和落叶类植物搭配，也可以预想长期种植之后草木的姿态变化，然后再设计布局。花期长的一年生草本植物要想达到四季观赏的效果，关键是选择在酷暑和严寒时期都能持续开花的种类，再加上合理的移植与管养即可实现。全部选择花期很长的花草也不是明智之举，庭院的季节感会比较弱。这时只需在季节交替的时候加入时令开花的植株，就能够增强庭院的季节感。总之，应根据各个季节的特点选择适合颜色和形态的花草，也可包括不能忍受高温和严寒的花草类型，小范围进行移植，景观效果也非常好。

② 养护与管理

a. 春季的养护与管理　春季是庭院花草种植的最佳季节，季节性的开花植物、宿根草的小苗等，都可以开始种植。3月中旬整地种植，4～5月份球根花卉就会陆陆续续开放，5～6月份是花园开花最茂盛的时节。此时，应注意追肥和调节浇水频率以适应花期到来。

b. 夏季的养护与管理　夏季，植物会因为气温的急剧变化长势变缓。尤其对于那些生长环境与原产地的气候相距甚远的植物，越夏是艰难的任务。因此，养护上需要对浇水、排水、光照、温度、通风等进行及时调整，以帮助花草顺利越夏。

（a）浇水方法　夏季的高温和强光使植株变得脆弱，吸水能力也大幅下降。浇水可以在上午10点之前或傍晚进行，这样有助于植物吸收水分。盆栽宜傍晚浇水，白天会使水升温，从而损伤根部，使根部枯萎。坚持干透浇透的原则，即要等到土壤表面完全干燥时再充分补水。肉眼观察土壤表层变得发白之后，手摸觉得干爽时可浇水。浇水的频率依植物种类而定，

要保持土壤湿润与干燥的交替。正确浇水可促进根部不断延伸，从而增加植物的耐旱性。

（b）降温方法　大部分植物适合生存的温度是 15～25℃，当温度持续在 30℃以上，且伴随强烈的直射光不断照射时，植物的繁殖受阻。如果傍晚气温仍在 25℃以上，植物亦会枯萎。这时需要对植株整体进行补水以降低温度。补水降温只在傍晚进行，但要注意调控土壤的湿度，防止夜间植物徒长。还可进行酒精降温，如对于混凝土铺装等容易蓄热的地方，喷洒酒精可有效降低环境温度。因为酒精蒸发的时候，会吸收周围的热量，从而可降低环境温度。喷洒时注意不要喷到植株上。

（c）盆栽管理　直接在混凝土上放置花盆会使植物遭受强光的反射，植物也会受混凝土里储存热量的影响。这时可以使用花盆底托，使地面和花盆之间留出间隙，从而阻断地面散发的热量对植物的影响。这样不但可以降温，通气性和排水性也会变好，对防御病虫害也有一定的效果。为了防止花草缺水，提前在托盘里储存水，这种做法会使直射光直接照射在水面上，使水温上升，进而损伤盆底的根部，因而托盘里的水要及时倒掉，并经常保持空着的状态。用喷头对枝叶的背部进行补水，植物温度下降的同时，还能预防红蜘蛛。花盆底托应根据花盆的大小来准备。放置花盆的时候，要确保花盆和花盆之间留有一定间隔，使枝叶不要互相触碰到，这样植物姿态更漂亮。

（d）预防高温伤害　夏季的中午太阳辐射强烈，温度高，容易引起枝叶灼伤。而且西晒能照到的地方，从早到晚长时间都处于高温状态，导致晚上温度也很难下降。这时可用苇帘子或遮阴帘遮挡部分光线。注意帘子和植物之间要保持一定的距离，以确保通风。还可以将盆栽移到树荫下，或设置双重盆。

（e）夏季修剪　夏季，花草枝叶开始变得结实茂盛，这个时候可以剪掉大片枝叶，但仍要保留一些枝叶。如果枝叶太少，植物就不能很好地进行光合作用，严重的则会造成植物枯萎。对那些到秋季还一直开花的花草，到 8 月中旬，可修剪到株高的 1/3～1/2，大约 1 个月后又会重新开花。

（f）注意及时排水　夏日浇水次数多，排水性能好的土壤可以预防植物根部腐化。在盆土中加入排水性能较好的腐叶土和园艺珍珠岩，再混入大约 10% 的硅酸盐白土，可以起到预防根腐化的作用。也可以在土壤表层进行覆盖栽培，以抑制地表温度的上升，起到缓解土壤干燥的作用，同时还能抑制杂草。盆栽常用小块树皮和水苔，花坛建议使用树皮堆肥。

（g）适时追肥　夏日的土壤非常容易干燥，浇水次数的增加会造成土壤中肥料成分的流失。特别是盆栽，最好一周施一次液态肥。

c. 秋季的养护与管理　夏末秋初，替换掉夏季被晒伤的植物，种上秋季花草，可增加季节交替的氛围。晚秋时，拔除凋谢的花草，改良土壤、整平土地，移植花草。种植完成后待到翌年春天，又可以进入下一轮花季。此时如果增加从晚秋到春天长时间开花的花草，整个冬季庭院也能生机勃勃。

d. 冬季的养护与管理　冬季庭院适宜选择耐寒性强、从晚秋到冬季甚至到来年春天都可以观赏的花草。要想冬季庭院多姿多彩，冬季花草的选择与抗寒工作十分关键。

尽早移植。购买的花苗多是在温室里进行栽培的，买入花苗之后，在屋内先进行一周的抗寒锻炼，等植物习惯寒冷之后再移入庭院。移栽的时间要早，最好在冬季来临之前使植物根系恢复健壮，以提高其抗寒性。可选择三色堇、堇菜、紫罗兰、金盏花、菊花、金鱼草等。

对于不耐寒的花卉，将植株栽种在不易受冻害的地方，或者种在花盆中，晚上移至屋檐或外廊下，如仙客来、龙面花、报春花等。

耐寒的花卉能给冬季的庭院增添色彩，在气温较低的环境中也能保持花开，可长时间观赏，如银莲花、毛茛、郁金香等。另外，一些花卉正常开花需要经历春化作用，如飞燕草、毛地黄等。

■ 本章思考题

（1）常见的阳台类型有哪些？都有哪些特点？

（2）常见的阳台布局方法有哪些？适用于哪些植物？

（3）如何进行阳台植物的布局？

（4）阳台植物选择遵循哪些规律？

（5）常用的盆栽基质有哪些？都有什么特点？

（6）浇水的原则有哪些？适宜什么样的植物？

（7）如何判断盆栽花卉需要浇水的时间？

（8）常见的盆栽花卉浇水的方法有哪些？

（9）盆栽花卉常用的肥料种类有哪些？应该如何使用？

（10）盆栽花卉施肥的原则有哪些？

（11）常见的植物缺素症有哪些？都有什么样的症状？

（12）常见的病虫害防治措施有哪些？

（13）影响小庭院植物生长的环境因素有哪些？

（14）常见的小庭院铺装材料有哪些？

（15）小庭院植物配置的原则有哪些？

（16）小庭院草花养护与管理的措施有哪些？

（17）四季开花小庭院的植物养护与管理措施有哪些？

第7章

家庭亲子花卉艺术
——以少儿花艺为例

自然缺失综合征已成为现代城市幼儿面临的最严重的生命课题。孩子小时候缺少与大自然的接触，在成长过程中可能会存在许多身心方面的缺失。时间长了还会造成孩子孤独、偏执、抑郁、焦虑、多动、注意力不集中、对外界麻木等，这就是所谓的"自然缺失综合征"，这是美国儿童发育问题专家理查德·洛夫总结出的概念。

少儿（亲子）花艺涵盖了绿植、鲜花、干花和永生花等多种花艺创作，是将植物通过各种创意形式制作出具有艺术感的形态，从而能够得到一个更加完美的艺术品的过程。少儿（亲子）花艺以植物为媒介，充分调动孩子视觉、嗅觉、触觉、听觉、味觉的感知，让孩子感知生命，让家长和孩子在与植物的对话中焕发出新的更有生命力的亲子关系，因此少儿（亲子）花艺课程对于儿童，可以说是一种有益于身心全面发展的艺术（图7-0-1）。

图7-0-1　少儿（亲子）花艺示例

少儿（亲子）花艺不是成人花艺的简化版，也不是手工劳作课，其旨在帮助孩子在四季、节气等主题的亲子互动中体会与自然相遇的怦然心动，储留一些美的记忆。少儿（亲子）花艺，可让亲子关系自然绽放美与善的魔力。

少儿花艺是以植物为媒介，通过艺术创造帮助儿童发展全面能力的一种体验式创作活动（图 7-0-2）。

图7-0-2　少儿花艺作品示例（作者：田云芳）

7.1·不同少儿阶段孩子的身心发展特点

■ 7.1.1　幼儿园小班（3～4岁）

3～4岁幼儿手部小肌肉有较大发展，动作逐步精细化，可进行搭积木、串珠、折纸、捏泥、使用剪刀等活动。幼儿能够根据物体特点和功能比较灵活、准确、熟练地操作，可摆弄和建构简单造型。

3～4岁幼儿对新鲜事物、新异活动有较强的好奇心，开始形成一些与生活经验相联系的事物概念，但常受生活经验的影响。思维方式带有明显的直觉行动性，不会计划自己的行动，常常是边做边想，或先做后想。爱模仿，常常通过模仿来学习。对数量的认知能力有提高，能顺口唱歌1～10，可感知5以内量的多少。初步会对物品进行简单分类。

3～4岁幼儿注意力容易分散，不易集中。有明显的独立行动的愿望，喜欢被关注和赞扬。喜欢鲜艳的色彩。

■ 7.1.2　幼儿园中班（4～5岁）

4～5岁幼儿手部动作发展更加完善，体力明显增强。手指动作比较灵巧，可以熟练地穿脱衣服、扣纽扣、拉拉链、系鞋带，也会完成折纸、串珠、拼插积木等精细动作。动作质量明显提高，既能灵活操作，又能坚持较长时间。

思维具有具体形象的特点，开始能对具体事物进行概括分类，但概括的水平还很低。其分类是根据具体事物的表面属性（如颜色、形状）、功能或情景等进行的。对事物的理解能力开始增强，在时间概念上，能分辨什么时间该做什么事情；在空间概念上，能区别前后、中间、最先、最后等位置；在数量上，能自如地数1～10。对物体类别的概念也有初步的认识，会区别轻重、厚薄、粗细等。部分儿童还能分清左右，能把物品从大到小摆成一排。开始初步理解周围世界中，表面的、简单的因果关系，如能够明白种花若不浇水，花就会枯死的道理。

富于想象，难以分清假想和现实，他们常常会把看到的内容融入自己的想象。能够独立地讲故事或叙述日常生活中的各种事物。

▪ 7.1.3 幼儿园大班（5～6岁）

由于小肌肉运动技能的发展，5～6岁儿童的双手更灵巧，操作物体的能力大大加强，他们越来越喜欢那些能满足想象和创造欲望的多变性玩具，他们能长时间地专注地探索物体的多种操作可能。

能生动、有表情地描述事物。5～6岁是儿童语言能力明显提高的时期，他们能比较系统地叙述生活见闻，而且能生动、有表情地描述事物，语言的灵活性增加，能够反应比较快地与人对答。

创造欲望比较强烈，表现与表达方式更加多样化；他们也非常喜欢进行一些竞赛性的活动，此时期可在体育游戏中多安排一些有竞争的游戏，以培养孩子们的集体荣誉感和上进心。学前后期的儿童对周围世界的兴趣及积极的求知态度是令人惊叹的。

▪ 7.1.4 小学低年级（一、二年级）

小学低年级孩子的小肌肉运动能力有限，大部分孩子需要练习，对简单的动作有所控制，动作的精确性、灵巧性逐渐增强，但小肌肉发育差，腕骨和掌指骨的骨化没有完成，神经系统指挥小肌肉活动的机能尚不成熟，因而手部小动作的精确性稍差。

低年级孩子的大脑处于快速发育期，保持注意力时间短，一般只有20～30min。

▪ 7.1.5 小学中年级（三、四年级）

三、四年级的学生骨化过程尚未完成，骨骼比较柔软，且容易变形；但肌力弱，耐力差。在动作的协调性方面，骨骼肌有了一定的发展，对简单的动作有所控制，动作的精确性、灵巧性进一步增强。

三、四年级是孩子逻辑思维发展的关键阶段。此时，孩子的思维慢慢从具体形象思维向抽象逻辑思维过渡，思维发展出现了"质变"。处在此阶段的孩子，还有一个明显的心理特点，即自我意识逐渐增强，主要表现为他们对外界事物产生了自己的认识态度，并试着做出判断，如判断作品好坏。这个阶段的孩子，不仅开始关注别人，而且开始在意别人对他们的看法。此阶段，家长应帮助孩子明辨是非，完善认知体系。

此阶段的孩子更容易集中注意力。

▪ 7.1.6 小学高年级（五、六年级）

小学高年级孩子一般在 11 ～ 12 岁。五、六年级学生的骨化过程正在进行之中，肌肉也逐渐增长，肌肉力量有所增强，但肌肉耐力还较差。在动作的协调性方面，骨骼肌和小肌肉群有了较大的发展，对简单的动作有所控制，动作的精确性、灵巧性较强。

逻辑思维开始在思维中占优势，创造思维也有很大发展。孩子独立意识进一步发展，常常认为自己已经长大成人，因此爱自作主张。

图 7-1-1 所示为小学高年级学生花艺作品示例。

图7-1-1　小学高年级学生花艺作品示例（作者：田云芳）

7.2·亲子花卉艺术作品类型

（1）卡通动物花艺

例如，用乒乓菊、黄金球、乳茄等制作一些可爱的动物造型，如小鸡、小羊、小兔等，可充分发挥孩子的想象力，增强他们的动手能力和观察力。

（2）多肉植物微景观

可模拟沙漠或者苔藓的生态环境，在景观里面加上一些配件，例如小男孩或者小女孩等，整个造型画面感很强，对孩子的整体思维很有锻炼。

（3）干花贺卡

自己动手制作一个干花贺卡，环保又好看。制作过程也很简单，准备好卡纸、干花、细绳或细线、剪刀、强力胶，将贺卡折成自己喜欢的样子，把干花用强力胶粘住，然后写下祝福语，再做一点修饰，一张精美的干花贺卡就完成了，送给长辈、老师、同学、好友都很合适。

（4）压花

压花是将植物材料包括根、茎、叶、花、果、树皮等经脱水、保色、压制和干燥处理而制成的平面花材。利用压花，经过巧思、巧手，可制作项链、手链、耳坠、胸针等装饰品，也可制作台灯、杯垫、手机壳、卡包、笔记本等生活用品。

（5）永生花挂件

永生花也叫保鲜花、生态花，国外又叫"永不凋谢的鲜花"。永生花是使用玫瑰、康乃馨、

图7-2-1　冰激凌花艺（作者：田云芳）

蝴蝶兰、绣球等品类的鲜切花，经过脱水、脱色、烘干、染色等一系列复杂工序加工而成的干花。永生花无论是色泽、形状、手感几乎与鲜花无异，它保持了鲜花的特质，且颜色更为丰富，用途更广，保存时间至少3年，是花艺设计、居家装饰、庆典活动最为理想的花卉深加工产品。

（6）其他

例如冰激凌花艺（图7-2-1）、花仙子花艺、拓染、叶画，等等。

自然的美好不仅可以刺激孩子的大脑细胞，提高其大脑兴奋度，还可提高孩子的注意力；更可以让孩子的情感得以抒发，情绪得以释放，从而发挥更大的潜力。可以说，大自然是孩子学习知识、体验美与生命力得天独厚的课堂。少儿（亲子）花艺是培养孩子审美能力切实有效的途径。

7.3·亲子花艺课程设计

儿童是如何学习的？儿童是基于身体、基于真实的经历认识这个世界的，所有能够切中儿童认知的教学手段，都是根植于儿童真实经验的。

设计亲子花艺课程时，要根据不同年龄段孩子身心发展的特点，分析孩子的需求。课程以设计有趣的、能够独立完成的、满足内在发展需要的花艺作品为主。

课程应在亲子花艺作品造型过程中，锻炼孩子们的精细动作，渗透植物、环保、地理、生态等知识，培养其核心能力——独立、专注力、观察力、创造力，从而实现少儿亲子花艺核心价值——爱与尊重。

具体课程设计主要体现在以下几个方面。

（1）引导想象

课程首先要从孩子的经验出发，从兴趣点入手，例如引导儿童观察和认识周围的许多事物，如花草树木、小鸟、小蚂蚁等，使其通过已有的认知去联想相关的事物，如四季、食物、动画、节日、故事等，充分发挥想象力。其次课程要有一些留白可供孩子去发挥。最后也是最重要的，使孩子独立完成作品创作。通过独立完成，可构建起他与植物的链接，与自然的链接以及与内在的链接。

（2）花器及材料的准备

如果做沙龙课程，需要提前试做，以调整容器的大小和材料的量。将容器和花材及工具准备成相应的份数，如果人数较多，可多准备 1 ～ 2 份，以备调换或者临时增加人员。所选的花器，要根据孩子的年龄，选择不易损坏的容器。植物材料以无刺、无臭、无毒为主。需要准备的材料一般有：花器、切花、干花、花胶、剪刀、花泥、铁丝、托盘、围裙、毛巾等。还应准备创可贴等以备突发情况。需要注意的是，此环节要根据孩子不同年龄段的身心发展特点，有必要时把材料进一步加工，如花泥提前削好，以便孩子能更好地完成作品。

（3）制作主体框架

不论哪种花型，都要先有主体框架，框架往往体现创作的构思。课程中应引导学生将框架搭好，再分步骤或者分区域进行创作。搭好框架才能有条不紊、胸有成竹、充满信心地完成作品。因此，主体框架的好坏，直接影响孩子创作的勇气和自信。

（4）鲜花及绿叶的搭配

在创作时，框架搭好后，应引导学生先布置较大的花材，再填充叶材或较小的花材；或者先布置一件作品的焦点区域，再布置副焦点区域或其他部分。较大体量的或者形状特殊的花材往往起到吸引人们眼球的作用，散状花材、绿叶往往起到补充整体构图的作用。二者要根据造型原理布设得当。色彩搭配可以采用同色系、邻近色、对比色、缤纷色等配色方式进行布置。

（5）清理桌面

保持环境清洁这是花艺不可缺少的一环，也是培养孩子优秀品德的最佳环节。

（6）创作者展示与表达作品

创作完成后，孩子可以向亲友展示自己的作品，可以表述自己的收获，自己在作品中表达了什么意境，自己的创作感受等。这个过程中孩子锻炼了口才，总结了创作心得，也增强了动手操作的自信心。

（7）作品陈列

按作品的构思设计，把花艺作品放置于适宜的位置，可根据实际情况进行细微调整。陈设时注意以下两个方面：一是插花作品应与环境协调，二是陈设位置要得当。

■ 本章思考题

（1）不同少儿阶段孩子的身心发展特点是什么？

（2）亲子花艺课程设计主要体现在哪些方面？

附 录

实验

■ 实验1　平面构成在插花中的应用

■ 实验2　花卉市场切花调查

■ 实验3　开放式圆形插花制作

■ 实验4　S形插花制作

实验1　平面构成
在插花中的应用

实验2　花卉市场
切花调查

实验3　开放式圆
形插花制作

实验4　S形插花
制作

- 实验5　半球形插花制作

实验5　半球形插花制作

- 实验6　L形插花制作

实验6　L形插花制作

- 实验7　中式盘花插作（直立式）

实验7　中式盘花插作（直立式）

- 实验8　中式瓶花插作（水平式）

实验8　中式瓶花插作（水平式）

- 实验9　中式碗花插作（直立式）

实验9　中式碗花插作（直立式）

- 实验10　中式篮花插作（倾斜式）

实验10　中式篮花插作（倾斜式）

- 实验11　中式筒花插作（下垂式）

实验11　中式筒花插作（下垂式）

- 实验12　中式缸花制作（水平式）

实验12　中式缸花制作（水平式）

■ 实验13　除夕家庭花环餐桌花

实验13　除夕家庭花环餐桌花制作

■ 实验14　春节茶几花制作

实验14　春节茶几花制作

■ 实验15　清明节花篮制作

实验15　清明节花篮制作

■ 实验16　中秋节花礼盒制作

实验16　中秋节花礼盒制作

■ 实验17　七夕节花束制作

实验17　七夕节花束制作

■ 实验18　端午节现代风格茶席花制作

实验18　端午节现代风格茶席花
制作

■ 实验19　压花书签的设计与制作

实验19　压花书签的设计与制作

■ 实验20　压花贺卡的设计与制作

实验20　压花贺卡的设计与制作

- 实验29　多肉植物微景观制作

实验29　多肉植物微景
观制作

- 实验30　家庭阳台小花园的设计与制作

实验30　家庭阳台小花
园的设计与制作

-

- 实验31　小庭院花境景观的设计与制作

实验31　小庭院花境景
观的设计与制作

- 实验32　亲子少儿花艺——美味冰激凌

实验32　亲子少儿花
艺－美味冰激凌

- 实验33　亲子少儿花艺——美丽花仙子

实验33　亲子少儿花
艺－美丽花仙子

- 实验34　亲子少儿花艺——粽子（传统节日）

实验34　亲子少儿花
艺－粽子（传统节日）

参 考 文 献

［1］ 朱迎迎.插花艺术［M］.北京：中国林业出版社，2010.

［2］ 彭明磊.木本与草本水培花卉养护技术比较研究［D］.长沙：中南林业科技大学，2017.

［3］ 陈建德.上海地区水培花卉及其发展对策研究［D］.杭州：浙江大学，2008.

［4］ 李娇珍，张亮.微景观创作之多肉植物DIY［J］.现代园艺，2019（07）：122-123.

［5］ 高琼.苔藓微景观设计与制作技术［J］.北京农业职业学院学报，2020，34（01）：32-40.

［6］ 张立慧，杨松.探析组合盆栽［J］.现代园艺，2020，43（03）：130-131.

［7］ 蒋捷，常广新，韩铁军，等.组合盆栽材料选择之盆器篇［J］.中国花卉园艺，2013（04）：34-36.

［8］ 彭东辉，吕伟德，周育真.水培花卉［M］.北京：化学工业出版社，2018.

［9］ 苏本一，仲济南.中国盆景艺术系列：中国树石盆景艺术＋中国盆景金奖集［M］.合肥：安徽科学技术出版社，2014.